情景 心境

—— 对现代风景设计的思考

李建伟 著

中国建筑工业出版社

CHINA ARCHITECTURE & BUILDING PRESS

图书在版编目（CIP）数据

情景　心境：对现代风景设计的思考 / 李建伟著.
-- 北京：中国建筑工业出版社，2017.10
ISBN 978-7-112-21273-6

Ⅰ.①情… Ⅱ.①李… Ⅲ.①景观设计 Ⅳ.
①TU983

中国版本图书馆CIP数据核字(2017)第236475号

责任编辑：代　静　丁　夏　边　琨
责任校对：王宇枢　焦　乐

情景　心境——对现代风景设计的思考

李建伟　著

*

中国建筑工业出版社出版、发行（北京海淀三里河路9号）
各地新华书店、建筑书店经销
深圳市彩之欣印刷有限公司印刷
*

开本：850×1168毫米　1/16　印张：14　字数：170千字
2018年4月第一版　2018年5月第二次印刷
定价：228.00元
ISBN 978-7-112-21273-6
（30902）

LANDSCAPE BY HEART

浙西大峡谷　浙江临安

李建伟

当代知名景观规划设计师，"景观生态统筹城市"的践行者。美国注册景观规划师、美国景观设计师协会（ASLA）会员。1995年获美国明尼苏达大学景观艺术硕士学位，1996年加入美国EDSA，2006年回国，带领EDSA Orient团队打造出亚洲景观设计行业的知名企业。现任东方园林景观设计集团首席设计师、东方易地（East Design）及东方艾地（ID）总裁兼首席设计师。

李建伟主张景观设计最大限度做到人工结构与自然结构的平衡，以景观设计统筹协调城市规划、水利、交通、建筑等各项规划设计。他的每一个作品都融入了丰富的历史，将生态与艺术设计完美地结合，同时兼顾社会要素、生活功能与文化内涵，并把这些因素经过艺术的奇妙构想转化为令人惊叹的生活空间，赋予项目以全新的含义。他特有的艺术敏感度以及对本土文化与自然资源的尊重充分流露于他的作品之中，体现着对享用景观的人们生活质量的关切。

荣誉

李建伟担纲设计的美国阿鲁巴岛玛瑞尔特冲浪俱乐部，被评为2001年世界最佳度假区，美国瑞迪逊加勒比海度假区被推选为"2001年度假及酒店鉴赏家首选之地"，并获得ASLA佛罗里达年度设计优秀奖， 2007年中国世界贸易组织研究会、中国社会科学院、香港理工大学亚洲品牌管理中心联合授予他"全球化人居生活方式最具影响力景观设计师"，2010年第二届中国房地产创新大会授予他年度中国规划设计大师，2012年获得第二届国际景观规划设计大会设计成就奖，2013年获得第三届国际景观规划设计大会设计创新奖。

代表作品

迪士尼西岸、迪士尼庆典城（奥兰多），瑞迪逊加勒比海度假区，万豪阿鲁巴冲浪俱乐部，湖州太湖度假区，襄阳月亮湾湿地公园，株洲炎帝广场等。

US registered landscape architect, member of ASLA. Mr.Jianwei Li is a well-known contemporary landscape architect who is a strong proponent of ecological development and brings his artistic sensitivity into his site design and large-scale planning. He completed his master degree in landscape architecture at the University of Minnesota in 1995 and began his career at EDSA in Orlando in 1996. He took a lead role of EDSA ORIENT in Beijing in 2006. EDSA ORIENT, now known as East Design has become one of the most recognized landscape architecture company in China.

Jianwei Li is currently the principle designer of ORIENT LANDSCAPE CROUP and East Design Company.,Ltd.

Jianwei has pointed out that our design should establish a balance between manmade environments and nature. He has brought up the concept 'integrated landscape' that is to have landscape architecture coordinated with planning, hydrology, transportation, architecture and so on. His designs showed strong respect to social, cultural and historical aspects of the site.

He pays strong attention to the ecology and the quality of environmental resources. His incisive artistic sensitivity is expressed through all of his projects. His design emphasizes on the relationship between people's lives and the landscapes, as long as how to make designed landscapes function effectively to improve quality of living, and especially how landscape works for people's spiritual needs.

Jianwei's practical experience and expertise have also made him frequently involved in the field of education and training. He is a visiting professor at Tsinghua University, visiting professor in the faculty of art at Beijing Jiaotong University, visiting professor in the department of art at Beijing University of Technology, visiting professor at the Northwest Agriculture and Forestry University, and in the faculty of architecture at Harbin Institute of Technology.

Honours

Jianwei was significantly involved in the design of Marriott's Aruba Surf Club in Aruba, which was rated as the best resort in the world in 2001; Radisson Aruba Caribbean Resort was elected as the most preferred location for holiday makers and hotel connoisseurs; In 2007, and received a design award from ASLA Florida chapter in 2005. He was rewarded with "The Most Influential Landscape Architect" by China World Trade Organization Research Institute, Chinese Academy of Social Science, the Hong Kong Polytechnic University Asian Brand Management Centre; In the 2010 China Real Estate Innovation Conference, Jianwei was rewarded with "Annual Master of Planning and Design in China";

He was also conferred "Landscape Planning and Design Achievement Award" in 2012 and "Design Innovation Award" in 2013 at International Conference on Landscape Planning and Design.

Key Projects

Disney West Side, Disney Celebration, City Orlando, Radisson Hotel Aruba, Aruba Surf Club, Lake Tai South Central Park, Xiangyang Moon Bay Wetland Park, Zhuzhou Yan Emperor Square etc.

——

　　好的风景，充满生机，让人乐而忘返。一个风景设计师最幸福的时刻莫过于看到自己的作品中有孩子们欢快地玩耍，老人们在其中优雅地散步，或是成为青年男女恋爱的佳地。风景中蕴含着大自然的神奇，也有简单朴素的日常光景。生活的美妙就这样缘起，伴着鸟儿的欢快叫声，花儿灿烂的笑脸和彩蝶的缤纷起舞……

　　同样风景设计师最悲催的一件事莫过于搞不清什么是自然，什么是文化。事实上大多数风景设计师还真是一直这么悲催着；不知道怎么样做才会出好作品，才能规避坏的设计。我们常常这样问自己：怎样才真正对得起我们脚下的土地；怎样才是真正的与自然和谐共处；怎样的设计能说出我们内心的声音？

　　人类的文明并非都是伟大的。我们所认为的文明，如果从自然的角度来看，也许在很大程度上是野蛮的。人们可以为了一些小小的经济利益毁坏无数的山林；为了满足一点愚蠢的私欲，不惜污染众人赖以呼吸的空气和每天要饮用的水源。

　　水土流失，空气污染，山洪水患……这些无一不在威胁着人类的安危，不用提人类还为了那些自以为至高无上的信仰和主义发动了无数的战争！

　　作为一个设计师，我们总希望自己笔下的每一个作品都尽责任、有担当；希望它既符合自然的法则，也贴合人的精神和生活需要。我们有理由相信过去一直这么想，也是这么做的。可是只相信结果的"自然"并不这么看。当山里的林子已经没有鸟儿安乐的窝，河里的水不再清洁，鱼儿也不再有"笑脸"，我们不得不重新审视过去的所作所为。也许一切还来得及，也许不再有往昔的春天……无论如何，我们必须马上付诸行动，改变过去的野蛮行为和错误观念。应该警醒，只有在不断调整的路上主动纠偏，才能找到正确的方向，才不至于走上一条不归路。

　　风景建设无论大小都离不开我们对土地资源的珍惜和关爱。在合理利用土地资源的同时创造人与自然、人与人共生的环境。这是新时代风景设计师的职责和追求。

　　生态与风景的联姻是这个时代风景设计学最具生命力的特征。从空间规划、生态技术等层面去充实我们的风景设计，从而有效地解决城市生态的一些结构性问题和满足功能体验性的需求，使得风景成为一门更实用、更生活、更具经济性和创造性的学科。对生态的强调丝毫也不会影响艺术的分量；相反，艺术从此找到了更加广阔的、富含生活化内容的发展空间。

　　风景是我们的精神世界。就像其他造型艺术一样，风景是人们抒发情感，表达思想，陶冶性情的空间场地。人生至少有三分之二的时间与风景一起生活交流，在其中成长、在其中玩耍……任何忽视思想性和精神意义的风景都是错误的或是有缺陷、不完善的。尽管我们知道一个设计要取得精神层面的成功，对于任何人、任何项目来说，并不是一件轻松的事，但相信作出努力就不会有遗憾。

风景设计不是为了复制自然，更不是复制前人的经典。风景是人的户外生活空间，是人类与自然界其他生物生存发展的共同家园。创造良好的生活环境是风景设计的根本。如果我们时刻记住这一点，就不会孤立地看待我们自己，只顾眼前的需要，而是看到了一个完整的人与自然共生的大环境及无限久远的未来……

风景设计有多种多样的类型和方法，不论是在什么样的思想理念指导下的设计，都必须满足功能需求，协调处理好场地资源和项目自身所具有的结构、用地以及与周边其他项目的关系。这些问题，有时是固定的，受制于客观条件；有时是与我们的创作构思相关，有着很大的灵活性。能够把功能内容与创作构思相关联，实属千载难逢的妙事。它能让我们的设计生机满盈。一个好的设计师知道怎么抓住机会，让每一项功能都注入新的体验，而不是任其流于平庸。

设计灵感的来源绝不局限于某一种模式。构思既可以取材于场地，受启发于项目的特殊要求和性质；也可以在传统中找素材，借鉴于其他艺术形式……归根结底，设计必须是有感而发，以真诚的关怀和智慧的思辨去表达心坎里的那一丝感动。

有经验的设计师都有这样的体会：当设计做到一定的程度，就不再是简单的一项工作，而变成为一种哲学。设计的过程深深地体现着我们怎样认识自然，理解人生，阐释人性的价值与意义。设计师无时不彷徨于怎样去直面社会，化解人与人之间，人与自然之间的矛盾。以最好的方式去理解和表达情感，这本身就是一个无解的命题……而这就是设计！

在不断求索的路上，我们反复地拷问自己，折磨内心，仅为了找到生命中那一缕发光的灵性，并使之物化成为我们奉献给社会的"果实"。

设计的成功与失败都有时间限制。永恒的真理永远都在前方，无法触摸。当我们经历很多挫折，离成功就会更近一些。好好享受对真实生活追求的过程，在否定与积累中成长，也许更能激励设计师们前进。我相信这就是当代设计的意义，也是我们作为设计师的宿命。

目 录

第一章

解读风景

风景与生活

不管你相信人类由自然逐渐进化而来，还是从宇宙的哪一个角落拉着大车迁移至此，或许更像是神兵从天而降……我们都必须承认一个简单的事实，那就是人类的生存和发展离不开这一片神奇的土地，离不开那些与我们朝夕相处的风景。

自来到地球的那一刻起，我们就和周边的一草一木，山山水水发生着千丝万缕的联系。自然之中的一切滋养了人类的生息繁衍。人们也在这广阔无垠的土地上，一代一代建造自己的家园。无论是远古时代的狩猎穴居、风餐露宿，还是农耕文明的刀耕火种、炊烟袅袅，以及到工业革命的霓虹闪烁，甚至历朝历代的刀光剑影，风景记录下的是自然的变迁，人生的悲欢离合，以及诗一般的日出日落和那些永不褪色的童趣与天真。可以说风景养育了人类，也是人类赖以生存的朝朝暮暮。

大自然成就了人类的生存和发展。人类也在自己的发展过程中改变着周边的一切。无论好与坏，人们都在试图寻找和创造更旖旎的风景来满足自身精神和物质生活的需要。风景也因此缠绵地与我们的生活交织在一起。乡村的鸟叫虫鸣，城市的车水马龙勾画出一幅幅生活的图景。可以说风景是人类生活不可或缺的精神家园，也是一个地方社会文明的象征。

一方水土养一方人

在中国，烟雨蒙蒙的江南造化出南方人的细致和从容；大东北富饶的黑土地给予了东北汉子强壮的体格和豪爽的性情；远方孤独的夕阳，斑斓的水草，马头琴声悠扬的内蒙古高原则养育了坚强、诚实、勇敢、载歌载舞的草原牧民。

虽然我们无法证明沙漠会不会使人变得孤独，也无从探究太阳在哪个时辰最令人兴奋，可是我们知道草原上的人们热情好客，雪乡的村落会比其他地方更紧凑，因为人们需要抱团取暖。寒冷地区的人们会更加珍惜夏日的每一丝暖阳。

风景是生活在其中的人的精神面貌的如实写照。每一处风景都描绘出生活在那里的人们有什么样的社会关系、经济状态及人文精神。

江西婺源是一个典型的南方山区村落的景象：高山

巴彦浩特　内蒙古

历史村落　江西婺源

松花湖边的小屋　吉林

梅萨弗德国家公园　美国

密林禅寺，小桥流水人家。人们世世代代在这里生活，以山林为伴，与溪水为邻。一个村子就是一个小社会。他们有着自己的秩序和规章。村子的布置表达着人们与周边自然环境的关系，呈现出内省与外延的修养。为了与自然界的猛兽抗衡，人类选择了群居，这样山上的豺狼就不敢贸然侵犯村子的领地。村边都有保护性的栏杆，或选址在安全的地带，依山傍水；一方面防止牛羊丢失，另一方面可以保护村子的安全。建筑选址利用地形既能照看好田地，又能安心生息。房屋上的小窗户都能有好的视野，以监视外来侵略。而外面的人却不容易看见窗子里的人。窗子设得高是为了安全。高墙一为防火、二为私密。那层层叠叠的布局无不是这一群人等级关系、邻里秩序的象征。

美国印第安人的早期岩居——梅萨弗德国家公园（Mesa Verde National Park）是一个值得我们细心观察的典型案例。那里的自然山体为人类的居住、安全、社会文化发展提供了非常有效的空间场所。岩壁山洞有足够大的开敞面和良好的视野，既能遮风挡雨，乐业安居，又能够有效抵御外来入侵。在进入岩居的路口设有关卡，真是一人当关，万夫莫开。洞内有居室、碉楼、

祭祀及公共活动的场所。尽管这里的人们早已不在，岩洞被废弃了八百多年，如今人们站在这片废墟上仍然能感觉到当年的那种生活的景象。

风景是生活，是实实在在的人生。任何矫揉造作、虚张声势的设计都是徒劳的，必将被生活舍弃。

风景的含义

对于朝夕相伴的风景，我们时刻都能感受、触摸到它的美妙，可是要准确地界定它，还真没有那么容易。对于学科的名称都有过不少的争论，到底是"园林"、"景观"还是"风景"更适合我们的这个专业名称？业内人士各有各的看法，各有各的理由。我们在此不必探究谁是谁非。简单地说，"园林"二字所包括的范围大小已不适合现在生活的变化。"景观"二字过于强调表象，而"风景"已经全面概括了我们所涉及的领域，也足够通俗，足以为专业人士和普通老百姓所理解和接受。所以我认为就用风景两字平息各方争论。

风景的含义应该是指自然或人工环境的总和。包括风光和景物，既可以是观赏的对象，也是生活体验的

工业景观 湖南永州

人文+自然的风景　新疆昭苏

沙漠湖泊　美国

空间。可以说生活处处是风景：生产是风景，城市、乡村也是风景；旅行是风景，读书是风景，宗教生活是风景，社交赶集也是风景……

作为风景设计师最不能忘记的是我们面对的是一个博大、无私，然而也非常脆弱的自然。纯粹自然的风景我们要珍惜，尽力保护。经过人为干预的"文化风景"，其实也离不开自然的要素，都得接受自然的约束和时间的演替。我们也应看到任何人文风景都或多或少是与自然的风景要素相关，作为户外的场所，无论怎么设计都不可无视日出日落、四季轮转及地域气候条件的制约。除了人类的生存的需求，我们还要关注昆虫、鱼、鸟、植物等生物种群的生存和繁衍。

妥善合理地理解风景与生活的关系，我们才能懂得风景之于人类生活的意义，之于自然生态的意义；才会知道怎样对待生活中不同的风景要素，满怀激情地创造生活所需的风景。

码头风景　美国

学校风景　清华园

村落风景　云南保山

旅游风景　美国

辽阔的湖泊风景 新疆

人造风景 法国凡尔赛宫

风景，只为感动的心情

风景当然有好有坏。可是对于什么是好的风景，我们常常被美学家弄得很糊涂，摸不清方向。人们常把风景与美划等号，或者把"美"作为风景的固有特征。一般人很难理解风景怎么可以不美呢？言下之意，不美就不是风景了。难道真的是这样吗？其实我们忘了有太多太多的风景原来与美无关：无论是911纪念广场，还是经历了几十年风风雨雨的农家土屋、水车和牛棚。破败不堪和残墙断壁往往成了别样的风景。这些"风景"，或围绕着人们的生活起居，或作用于人的心灵，所激起的五味杂陈，不是用一个美字可以概括得了的。

我们不否认，自然界有很多美丽的风景，几乎所有的人都欣赏，但还有更多的风景因人而异，因时、因地而异；有的人喜欢，有的人不爱。即使是那些大家都认可的风景对于每一个人，特别是在不同的时代文化背景下也会有不一样的解读。所谓人生处处有风景，因人因地而不同。由此看来，"美"并不是界定风景的标准，无论你觉得美与不美，风景就在那里，不多不少。它时时刻刻照顾着人类的起居，颐养，生息。

谈起这个的目的并不想把原本模糊的美学弄得面目全非，而只是想走出陈腐的美学框框，为设计找出些可喘息的空间。对于一个风景设计师来说，美真是一个累死人的目标。你要是按照一切美的原则去设计，结果常常会让你有意想不到的失落，因为在那些原则指导下，一切都是趋同的。黄金分割也好，节奏韵律也罢，对称与均衡，主从关系都不会带你走进想象的空间，无法让心情与场景共鸣。大自然景色千变万化，气象万千，可老天爷从来也没有把我们的所谓"美学原则"当回事。世间万物应有尽有，本无美丑之分。人的出现，使世事有了不一样的意义。

人类是一种善于归纳总结的动物。过去的人们按照自己的理解把自然界的美好总结了一下，得出了什么是美的形式，并以此来解释和指导我们的艺术创作。可是我们常常遇到的尴尬是，你设计了"美"的风景，别人说不美。更多的时候，我们钻进了自己给自己设下的圈套，让"原则"成了走进平庸的不归路。为了逃避这种尴尬，我们只好脱离"美"学的范畴来看看设计的目的到底是什么？如果我们简单地把人类的生活分为美的、丑的、中性的三个部分，是否我们就只为那美的三分之一而设

砾石海滩　海口

海滨日落　旧金山

计？对于那三分之二的"非美"就可以熟视无睹了呢？

　　不可否认美感是情感的一种最让人陶醉的部分，但不是全部。风景容得下不同的生活和情趣。自然界有各种不同的景观，几乎都可以与人的生活和心情相关。为什么人造的风景却只能是"美"的呢？在很多的风景中你无法判断它是美还是不美，甚至可以说即使它不美，但只要能与人的心灵对话，即是真实的风景。当一个人哀伤的时候，他可能需要的是一片明净的月色；当他焦虑的时候，也许一阵清风可以解除烦恼。最重要的是风景无论美与不美都与心灵相伴。设计不应该被"美"绑架，而应该是物质和精神生活的全部。

　　我们需要热情似火的风景，也需要逃离喧嚣的风景，需要安静沉默的风景，也需要疗伤解惑的风景。让人悲伤，让人哭泣的风景不也是无悔的人生？如果风景只限于"美"的，我们该怎么去面对复杂的社会和人的心灵？设计应以人的心理和情感为导向，对美的盲目追求常常会让设计无路可走，只能被形式所累。当我们从自己划定的"美"的牢笼里解放出来，才能看到设计的真实意义：那就是为人的生存、活动、为人的精神找到一片自由的天空。

　　风景是生活的方方面面，不一定都是美的，但它必须满足人的物理空间，生活需要，并与心灵对话，让人们在"体验"中得到所需的感受。这就是我们需要风景设计的意义。当我们把"心情"当作设计的目标时，设计结果可以是美的，也可以是不美的，但一定是可以与人亲近、与人沟通的。只有这样，设计才获得了自由；只有这样风景才会成为现代生活必不可少的生存要素，就如同吃饭、穿衣、上学、健身……

辽阔无垠的风景　新疆昭苏

心乱如麻的风景　马尔代夫

冷漠苍凉的风景　贵州

优雅舒展的风景　海口

自由舒展的风景 新疆

风景的范畴

从社会、学科的层面来说，对一个行业、一种事物给出一个定义也许是必要的，然而对于设计师们来说一个通俗的定义毫无意义。每一个设计师对自己从事的工作都应该有自己的理解，都应该有自己的空间视野和职业领域。任性的设计师总想突破那些别人划定的框框。有人说风景是山水，有人说风景是树木花草，也有人说风景是人眼所看到的一切事物，甚至包括人本身。有的设计师注重的是光和影，有的设计师会把空间形态做到尽善尽美，也有设计师只对色彩感悟较深。这些都没有什么对与错。如果每一个设计师都能凭自己的感悟来进行创作，能做出些有个性的东西出来，我们这个世界就繁荣了、有特色了，有意义、有文化、有历史了。如果大家都统一思想，都按照同样的理解去做设计，那我们就变成了机器人，变得多余了。

一、无法界定的风景

1. 作为生活的载体

人们怎么去看待风景也许并不重要，重要的是不要将它与我们的生活相剥离。随着人类的生息繁衍，人们不断地与自己周围的环境打交道，逐渐地与自然界的事物建立了很多联系，有的是功利上的，有的是感情上的。譬如树木、石块可以用来盖房，水池可以养鱼，星空能寄托人的思念，月光可以传达爱情，这就是风景成为生活不可或缺的最原始的纽带。没有人能离得开空气、水和土壤，每一个人都需要阳光，需要关爱和友情，风景无时无刻不与我们的生活相关，为人类的生存发展提供了最基本的保障。

2. 作为美妙的资源

风景对于城市建设、经济发展来说是非常宝贵的资源，这一点估计没有人会反对。不过赞同的人也只是空口徒说而已，真正用好这个资源为我们的城市及人民生活服务，并不是那么简单的事情。人们很容易就知道怎样利用煤炭资源来生火、利用铁矿资源来炼钢。可是学会利用风景资源来设计城市，发展经济却经历了漫长的历程，直到今天还有大批的人，甚至包括我们的规划师、建筑师对风景熟视无睹。我们不知道杭州的西湖给这个城市带来了多少经济收入，也无法估量泰晤士河之于英国人的生活意义有多大。然而可以简单地说三亚是因海而生，威尼斯是因水而繁荣至今。我们无法想象，如果失去这些宝贵的风景资源，这些依靠风景而活着的城市命运会如何？

3. 风景是艺术与自然的结晶

人类是永远不知满足的精灵。如果大自然的一切足够满足人们对物质与精神生活的需求，那风景设计师也就失去了存在的意义。也许人与动物的最大不同是人的自然诉求和非凡的创造能力。人类自诞生之日起，就在不断地改变自然，寻求新的生活。

不可否认在这种创造的过程中，我们给自然中所有的事物都带来了影响，有些是积极的，有些是消极的。"城市"就是人类创造的一个奇迹，说它"奇"是因为自然中从来没有过；"迹"是留下便不会消失。我们改变了自然，同时也改变了我们自己。

面对创造力无穷的人类，风景设计师一方面在帮助人类"改变"自然，以建立一个新的秩序；另一方面，我们还担负着保护自然免遭人类破坏的双重角色。

艺术的本质在于创造，而这种创造必须根植于人类对物质与精神生活的需要，必须回馈于我们赖以生存的空间体系与外部更广阔的自然。

港湾 美国

4. 作为幸福的港湾和理想的彼岸

人对生活的诉求不外乎两个层面：一是安全舒适，二是发现更多的惊喜。构建一个安全的生活环境，自古以来人类都是谨慎为之。从选地、择居，各方面都无不体现人对安全性、舒适性的重视。对于周边所发生的一切，人们都不会熟视无睹。人的好奇心总是驱使他去发现更多未知的生活空间和精神领域。对于我们来说了解和享受人世间的美妙风景那就是人生的快乐。世人都晓人生苦短，谁愿辜负这一生？风景设计师便是给人们带来惊喜的人：创造新的生活风景，还人一个梦想的家园。

这就是旅游和创作新风景的重要意义。

二、关于风景的几个概念

我们不需要对风景做理论性的归纳。风景包罗万象，作为设计师我们只要知晓工作的重点和目标为何，要解决的问题在哪，学会感知场地和项目的动人之处便可以创作，然而有几个重要的概念是我们万万不能忽视的。

自然中的人文　法国凡尔赛宫

城市中的自然　武汉水果湖

留住记忆的风景 广东连州

1. 风景生态

有一种说法，那就是我们的祖先早就知道与自然和谐相处，知道怎么保护自然，并把"天人合一"当成所谓的佐证。我个人不太相信这个说法。自从地球上有了人类，就有了对自然的干扰和破坏。当人类从刀耕火种的农耕时代走出来，进入工业化时代后近一个多世纪以来，我们对生态的干预能力变得越来越强，破坏速度也越来越快，如此程度，让人不寒而栗。

随着科学技术的突飞猛进，人类有了改变自然的能力；一方面是破坏的能力，另一方面是修复的能力。目前来看，前者远远大于后者。有一句话骇人听闻："人类可以在一夜之间毁灭地球！"当森林被砍完，河流湖泊被污染，空气不再清洁，人们疾病缠身，我们不敢再无视生态，不得不开始重新认识我们的生态环境。

反思过去，风景生态就是在这样的背景下被提出。20世纪的一本小书《寂静的春天》，就是在人们疯狂追求经济成就时，有如一记重拳打在了要害！我们才醒悟过来：生活的安全性正在消失。这是人类迄今为止遇到的最大挑战！可悲的是这一切都是人类自己所致。在大自然的生态系统中人类已经变得过于强大，强大到可以毁灭自己的地步——这是一个异常危险的信号！

恐龙正是因为太强大而灭亡，希特勒也是如此。如果我们还不学会与自然和谐相处，那将是什么样的结局？所以从现在起我们倡导所有的风景设计都要满足生态学的标准，以构建一个安全舒适的生活场景为基础。有了生态安全我们才能谈得上艺术，谈得上更深层次的精神需要。

风景生态是一个具有时间属性的动态系统，它是由地理圈、生物圈和人类文化圈共同作用形成的。当今的风景生态学已经涉及政治、经济、地理、生态、园林、建筑、文化、艺术、哲学、美学等多个方面。通过风景研究可以帮助人们更好地认识我们的生活环境，找到合理的未来发展方向。作为规范指导风景生态，要求人们跨越所属领域的界限，跨越人们熟悉的思维模式，建立与其他领域融合的共同的基础。因此，在综合各个学科概念的基础上，风景生态的理念和方法要更好地应用于各种城市工程建设、城市规划设计及人居环境的改善等具体项目上。

风景中的生活　斯里兰卡西海岸

风景中的生态 湖北襄阳

生产性风景　新疆牧场

2. 生产性景观

　　小时候我家门前建造了一座五层的宿舍楼，每天放学回家我都要搬一个小板凳坐在门口看工人们劳动。看着房子一天天蹿出地面，越来越高，感慨人的双手真是很神奇。那是我儿童时代最美好的记忆之一。后来长大了，下乡种菜、修水利，看着自己的劳动成果有股说不出的兴奋。我相信生产是与生活密切相关的，是生活美好的重要组成部分。人类为了生存和自身利益而进行的生产活动都是美的源泉。记得在明尼苏达大学读书的时候，我的老师Juli Bargman说过："因为来自新泽西所以我觉得电线杆子挺美的，因为那是小时候生活记忆的一部分……"

　　早在19世纪末，英国社会学家霍华德的田园城市模式就将乡村农田作为城市系统的有机组成部分。荷兰建筑师库哈斯（Koohaas）则以一种消除城市与农村差别的"Scape"（景），来描述当今的大都市。这里的城市景观（Town-scape）和农村景观(Land-scape)不再被认为是独立的个体而单独存在，而是形成一种统一的表现形式；"Scape"同时又有无边界城市（Edgeless City）或无限的景观（Limitless Landscape）的含义，在"Scape"的领地上，中心与边缘、内部与外部、农村与城市相互渗透，反映了人们对回归自然的渴望，也映现出城乡一体化的新景观格局。我国的传统园林起源于房前屋后的果园菜圃，古时称之为"圃"，即在一定的自然环境范围内，放养动物，种植林木。丰产的景观不仅具有审美价值更多了收获的欣喜。

　　在当今低碳发展的大背景下，大力发展有机农业，回归生产景观的自然属性，不仅是对传统园林和过去农业文明的传承，还具有城市食品安全和食品健康的现实意义。

　　首先，世界上约有一半的人口生活在城市，在我国超千万人口的特大城市在不断增多，每天至少要有6000吨的食物来满足这样规模的城市需求。高效农业可以为城市提供更加新鲜的水果、蔬菜及肉食，增加城市食品的供应量，改善城市的服务能力。

　　其次，城市低收入人群每年花在食物上的费用是他

城市公园　北京通州运河文化广场

们收入的40％到60％，高效农业有助于减少他们用于食物方面的开支，从而增加其他方面的消费能力。

生产性景观自然而然地成了我们生活的一部分，与此同时也将持续影响着城市建设的格局与风貌。

3. 风景都市主义

把风景当作一个城市最重要的基础设施，应该说是当今城市风景都市主义的核心理念。

风景都市主义就是将城市理解成一个生态体系，通过风景基础设施的建设和完善，将基础设施的功能与城市的社会文化需求结合起来，使当今城市的生态得以和谐与永续。

该主义是当今城市建设的世界观和方法论，其中心思想是强调以风景成就自然过程和人文过程的大载体。

风景都市主义把建筑和其他市政基础设施看成是风景的延续。风景不仅仅是绿色的景物或自然空间，更是连续的地表结构，它作为一种城市支撑结构能够容纳以各类自然过程为主导的生态基础设施（ecological infrastructure）和以多种功能为主导的公共基础设施（public infrastructure），目前人们所谈到的还只是以人为主导的风景生态，如果我们更多地考虑到大自然其他物种的生存环境，我们的城市会更加和谐宜居。

环境与能源危机对正处在工业化进程中的当代中国而言，比后工业时代的欧美国家要严峻得多，并且在超大型城市化进程中呈现加剧的现象。生态学和可持续发展观念的缺乏使大部分建设构成了对自然和乡村资源的掠夺。生态学家威廉·巴勒斯（W.S.Burroughs）曾在20世纪70年代说："付出绿色，把你为了金钱偷来的绿色还回去，你为了你的绿色生意出卖了以土地为生的人民，只为登上第一艘伪装的救生艇——将绿色还给鲜花、丛林、河流和天空"，这似乎也是当前中国某些风景现象的真实写照。

在各个行业都寻求绿色发展的大背景下，风景园林应该当之无愧地走在时代的前列，将健康、安全、环保、低碳的理念贯穿于所有项目的实践当中。

第二章

风景艺术

人与自然的关系

纯粹的自然风景　新西兰

"人与自然"是我们从事风景园林行业的人永恒不变的话题。处理好人与人、与土地、与自然环境的关系是我们每天都要面对的目标和任务。

还记得以前老师这么告诉学生：你有大视野的就去做规划，没有大视野的就去做小庭院。这个观点现在看来有些欠妥。每一个设计师都应该有大视野，哪怕你从事的是一个小尺度项目。设计的思维不该局限于小空间，更多的要考虑它怎样与外界联系，怎样与大的系统相通。搞清楚小空间在大系统里起到怎样的作用，常常是项目成功的关键。这种视野是必要的，有了这个视野以后，设计才不会孤立，流于平庸。

有了对整体空间环境的把控能力，才具备做生态的前提。无论空间多小，生态都不该被局限一个小范围里，必然跟其周边的环境相关联。生态的最关键之处，

就是它的"联系性"。如果大自然的循环断裂，相连的万物，就如失去了血液流动一般。动物需要喝水、繁衍和休息的生态范围，对环境也有各种各样的需求。人更是如此，如果把一个人禁足在一个小空间里，禁止其对外的一切活动与交流，这个人则很快丧失生气。因此，任何时候，我们都要让自己跳出封闭的小空间走进大视野中。这样的设计才会更生态，更适用于现代城市与社会的需要。

不难发现，我们过去建的园子，大多是封闭的。不管是皇家园林还是私家园林，都以围墙分里外。虽然说古代也有村落、小镇这种布局，甚至也有像杭州这样的山水城市出现，但总体上是在小尺度范围内做文章。现代城市更多地强调公共空间。更注重其空间的相互联系和融合。强调生态，需要开拓更大的空间视野，需要从

充满生机的田园　新疆昭苏

宏观的层面来认识细小的事情，这样设计才会减少不必要的错误和遗憾，整体上构建良好的生态关系。

打破局限，同时拒绝重复。不管是中国的古，还是西方的古，都不宜再去模仿，重复。非要拽着社会走回头路，毫无意义。用一些混凝土去仿造古时的木头亭子，谈何创意？无论从审美体验、社会功能、生态意义来看，如今的社会早已发生了翻天覆地的变化，一味地复古，即是倒退，甚至丧失进步的一切可能。

追风，也一直是很潮的话题，但明白人一定不会去追。好设计不是跟风跟出来的，而是坚守自己的认知，坚持内心感受的真实表达。真正的设计属于个人，甚至本人都无法复制。这种理念一定要在头脑中生根，哪怕我们现在做不到，有时候或多或少还会受外界的影响，但这种"下意识"一定会在某一时刻厚积薄发。摆脱追风并非易事，唯一的方法是领悟设计的本真。设计师以设计作为媒介将自己的情感给予大众；大众从中理解和体会设计带来的善意与美妙。这种良性设计是感动的、相互的，必然超越潮流。

设计师所画的每一线条、每一种形态、每一个空间，表达了什么，终究要围绕情感来诠释。这样对于我们脱离固有的风格就会相对容易。不管是新中式、老中式、古典式、新古典，都是过去时。我们应该做的是让每一个设计师静下心来认真思考：我与自然的关系，我与土地的关系，我与设计的关系……

由于认识、技术和观念等局限，每一个时代会产生一些潮流和共性，留给史学家和批评家去总结和概括就好，而对于一个设计师来说，还是要一直朝前走才是出路。

自然野趣的风景　新西兰

再进一步说，设计师的大部分工作是为大众服务，包括功能、分析、研究各种汇报与沟通，但设计创作不是为他人服务。设计创作完全是自己的感受，很难为广大人民群众代言。合同是甲方的，创作却是自我的，它不是服务，而是属于设计师最独有的内心表达。越是发自内在，越有感染力，当然也更易与大众产生共鸣。

1）人与自然协调相生是有条件的。在人口稀少的远古，人们改造自然的能力有限，对自然造成破坏的可能性极小。而今天，人类却具备了毁灭地球的技术，人与自然已成为对立关系。对于重要的生态领域，纯自然的资源，我们一定要竭力保护，免除它们被人类惊扰的风险。人与自然之间应该设置边界，让自然在一定的时空关系上与人类划清界限。

2）尊重自然规律，是我们反复强调的。人类不应该做任何违反自然规律的事情。对于自然规律，有些已经被我们认知，有些还未被认知，而认知的过程却是无穷

尽的，所以我们一方面应该尽量做到在一定的时空里与自然保持距离；另一方面又要在人居环境里与自然互不干扰，和谐共生。

3）隔离与共生是两种不同的概念，如果把前面的自然保护与自然隔离概念模糊掉，片面地强调天人合一，实质上就变成了损害自然的借口。我们要把自己摆在一个守护者和建设者的双重立场上，来对待我们的建设事业。这是责任和义务，更是人道主义的职守。人类要为动植物提供栖息的空间，再谈人类的需求。自然保护区是人类留给动植物为数不多的生存场所。现在我们占有的空间过多，其实人类的生活不需要过大的空间，应该适可而止，不让人类的贪婪占领自然界。这样的生态伦理，亟待推广。限制人类无止境的占有空间，限制人类对财富的贪欲；不管是谁，都不可以逾越生态伦理的界限，才能真正保护好自然。

雪中树林　延吉

4）生态修复同样需要每个人的努力守护。修复并不万能，更不能少数人在维护，多数人在破坏。常常见到的现象是建设的人在破坏，破坏完了再让别人来修复，如此恶性循环。生态修复是每一个行业必备的意识，包括建筑、规划、水利、道路、景观等，都要有科学的生态修复观，勇于打破所谓的行业壁垒、边界限制。比如我们风景园林专业，不是只对绿地做修复，而不顾其他生态和基础建设工程。景观作为协调所有关系的载体，起着整体协调的关键作用。

景观设计必须考虑全产业的综合效益。大量的项目需要我们朝这个方向发展。以艺术造景为目的的传统造园已满足不了现今的需求，要把风景设计延伸、渗透到生态文明、产业结构、社会文化等各个环节中，给地方政府和群众带来长远利益。这样才符合园林设计行业未来的发展趋势。

回归真实的文化景观

西方文化景观　法国巴黎

　　每次听到甲方说再给方案增加点文化内涵，设计师们心里就犯怵：这该怎么办呢？什么是人家所要的文化？这个问题常常让设计师一头雾水。甲方不好得罪。为了让他们高兴，设计师于是就蒙头编故事、贴标签、喊口号，直到把整个设计料理得像一个发酵的泡菜坛子才罢休。毫无疑问，文化内涵本来就是风景设计师应该努力去表现与追求的，但刻意而为之就成了添油加醋，哗众取宠的"怪胎"。在标签、符号满天飞的时代，文化的价值何在？为了所谓文化而文化的现象在风景设计行业铺天盖地，做坏了很多的项目。一座座城市如亲兄弟一般相似。生活在杂乱无章的水泥森林里，人们对公共空间的抱怨越来越多。虚假的文化让人失去认同感和归属感。一个空虚与浮躁的年代，我们都在为此付出沉重的代价。

　　文化景观的提出是相对自然景观而言的。在我们谈论文化景观之前，首先要明确文化的核心是我们对待自然的态度。无论是天人合一、人与天调，还是人定胜天，都是某种价值观的体现。我们必须反对那种把文化景观泛化的做法。把什么都看成文化景观，借着"天人合一"的古训，把自然和人文混为一谈，从思想意识上把人类对自然的入侵合法化，实际上会使我们错误地认为每一种文化都是好的，强化"艺术出于自然而高于自然"的错误认识。文化并不一定都好。艺术过去不是，

将来也不会高于自然。自然无法超越。艺术也不来自于自然，而是人的生活、思想和精神活动的产物。这两者该分开的就得分开。盲目地认为我们的古人就崇尚自然也是误导人的提法。西方文化科学地对待自然，中国文化则强调自然的人化都是不同的自然认知，其实都是文化的不同侧面，不存在高低优劣之分。

　　一方面我们希望人造的风景能从生态上很好地融入自然，让人与自然和谐相处；另一方面我们不要以为融入自然很容易、简单。无论从生态、从历史传承的角度来说，我们对自然、对人性仍知之甚少。可以说，对自然与人类自身的认识是一个永无止境的过程。留住一些荒原或原生态景观是对自然的一种敬畏，也是为子孙后代留下的一笔财富，让他们有机会去认识、寻找最真实的自然。如果荒原都被人工化了，那我们再也无法见到真实自然的模样，这会给我们的子孙后代留下遗憾。

　　"天人合一"、"人与天调"听起来很美好、很智

中国文化景观　北大未名湖

慧。可是怎么样与人合、与天调，却是困扰我们每一个人的难题。看着森林被砍伐，河流被污染，我们不得不承认，人与自然在很大程度上是对抗的，是不相融的。这样看来在我们大力发展文化景观的同时，保护好自然景观则显得异常重要。特别是当我们没有学会怎样融入自然的时候，与自然保持一定的距离，不去干扰破坏它便是明智之举。

我们的土地一天天被文化，特别是那些强加于其中的与生活毫不相关的伪文化是现今风景园林界的一大弊端，值得我们反思与甄别。

一、什么是文化景观?

我们不妨对这几个字作个浅显的解析。广义的文化景观泛指人类长期以来与大自然建立起来的一种关系，包括根据自己的意愿对自然进行的改造，既有精神的，也有物质的。换句话说，任何人为的景观都是文化景观！这么看来当我们把设计看作一个文化创造的过程，其所有创意、功能、对自然素材的利用和取舍等等，都是我们的文化使然。当然，泛泛地谈文化没有任何意义，真正影响文化的东西不外乎思想观念、文化情怀、价值标准、生活趣味、个人追求等等。不是说柴米油盐

不重要，但这些主导人类的活力的精神领域才是文化中最不能代替的脊梁。

1）文化景观的第一要素即是人文精神（humanism）。正确理顺人与自然的关系，人与人的关系，我们才能有效地服务于社会。关爱自然，与人为善，不是停留在口号上，而应该体现在我们的实践当中。我们曾经经历过"人定胜天"的愚昧和狂妄时代。作为设计师应该走在启蒙的前列，引导社会的进步，尊重个体的独立价值与自由权利。人性化的设计是这一精神的体现。设计理念可以不同，但对于人的关怀不能少。每一个地方、每一类人群都具有特殊的文化背景和历史渊源。作为文化创意的风景设计，首先应该关注的是民族的精神气质和价值取向。设计应该努力弘扬这些思想观念，通过创作，成为一代人的精神财富。优秀文化的积累是可以代代相传的。

今天我们努力为改善环境、为保障残疾人的权益、为妇女儿童的安全所做的工作应该算作人文精神的重要组

水上生活 海口

成部分。关爱儿童、妇女、老年人都是设计中不可缺少的内容。比那些虚假的文化标签和符号重要得多的还有我们对待自然的态度，对生活品质的理解和追求。尤其是在生态日益恶化的今天，这一点显得尤为重要。真情实意地爱护大自然，关注生活的每一个细节是优秀设计的共同特点。一个好的设计不只以形象吸引眼球。更动人、更有价值的部分是在形象背后那真实的理想与情怀。

2）文化的发展是一条漫长的历史长河。每一个历史时期的文化景观都是这条长河中的片段，而每一个片段都有其自身的文化特征。批判、继承、创新是文化发展的原动力。没有批判地继承，我们的文化便会腐朽、僵化。只有不断地总结经验，创新发展，才能给我们的文化增添活力。人类的历史遗存无疑是一个民族文化中最宝贵的财富，是文化脉络的基石，是我们学习、研究、前进的基础。自然遗存是地域文化的源泉，也是生态的基因库。留住自然与文化历史的根，我们才能矗立于巨人的肩膀，才知道以史为鉴，知道如何发扬光大。

无论是对于一个社会群体还是对于一个独立设计师而言，文化就是一种修养，在有限的发展过程中不断地挖掘提炼而结成的文化精华，充分体现在一个民族的价值观、风俗习惯和日常生活的方方面面。

3）风景设计不要去迎合低级趣味。虽然曲高和寡不见得会被社会接受和理解，但至少不会给社会造成不良影响，这也是我们的底线。设计不是卖白菜，有钱就送货。好设计对能欣赏它的人才具有价值。碰上不识货的，你只能绕着走。我们所具有的文化有高低之分、美丑之分、善恶之分。不分清是非就会出现前面所说的恶俗文化泛滥，虚假文化充好汉的局面。

4）修养是文化的大格局。何谓大格局？那便是整体性、方向性与推动力。如果我们的设计只是局限在鸡毛蒜皮、鸡蛋里挑骨头，那我们就不可能成就大事业。我们要把眼光放在解决系统问题、结构问题以及促进未来发展之上，去创造具有文化核心价值的设计。另一方面我们不要被名利左右。有修养的设计师相信文化风景根植于人性，能与自然融合，彰显对自然的敬畏和人文关怀，同时还要有包容豁达的气度与自由奔放的豪情。

好的文化风景绝不是一朝一夕的神来之笔。创作是一个艰难困苦的过程。不畏艰辛的探索和不屈不挠的追求是这个过程中作品所需要的精神食粮。只有耐得住寂寞，才能远离浮华。经得住智慧与修养的不断锤炼，我们的设计终会凝结成风景的气蕴。

5）生活化内容是文化风景里最现实，也是最具活力

历史象征　浙江

的部分。作为文化的物质载体，风景的功能内容直接关系着人们的生活体验。活在当下的人怎样去感受周边的风景，未来的人们怎么看待和使用我们创造的一切？风景的使用性和可持续性都是设计所要关注的事情。虽然我们也无法去预测未来人的喜好。总有些精华和糟粕是要接受人们的检验。如果我们的创作是发自内心，根植于人性，相信那一定会受到人们的青睐，为人而用，为人所爱。如果我们所做的都被后人所抛弃，那就是我们的失败。

可以相信一点，一味地模仿抄袭古人的作品，无论它来自于东方还是西方必将被淘汰。不单是我们的后人会对此不屑一顾，恐怕我们的前人也会七窍生烟。文化要求真实、接地气、有实效。要想真正做到有文化，有创新就必须摒弃所有的矫揉造作。我们要向一切虚假的文化宣战，坚持不抄袭、不假装、不低俗、不献媚！让我们的景观真正服务于人，更无愧于时代。

二、多种多样的文化表达

我们根据项目的类型、功能需求、甲方的意愿或设计师的个人喜好来表达对项目的理解，进行创作，选择什么样的表达方式直接与效果相关，其中所传达的文化信息本身就是一种有趣的文化现象。它与我们的价值观无不相关。以下是几种主要的表现形式。

1）主题化风景是20世纪中期开始流行的一种造景形式，迪士尼就是最典型的代表。这种类型的风景带有很强的戏剧化色彩，其结构形式大体为：主题（theming）、故事线（story line）、高潮（highlights）等等。由于其较强的参与性和简明易懂的场景效果，加上商业化的程度较高，这类风景多用于主题乐园，青少年儿童游乐场以及一些专类园的创作中；同时由于其创作过程中的可控性、模式化特点，易于被人理解和接受，致使一些其他商业型项目也沿用了这种创作手法。

2）诗意化景观其实是一种相对古老的传统造景手法。诗情画意无论在传统的中国文人山水园，还是英美早期的田园风景都有集中的表现。中国的园林来自于市井，而英美的风景园来自于乡村。诗意（poetic）却是他们共同的追求：一个是在城市狭窄空间里，尽可能浓缩成细微的小景；另一个是在郊野的庄园或牧场，粗放而开阔。由诗情而生的意境（artistic conception）赋予了风景更多的精神内涵。诗情画意的创作手法今天仍然广泛应用。可是由于缺乏明确的语言结构，这种方式的景观趋于类同，模式化的造景手法常常也使得诗而无情，或情不达意。在形式上变得昏庸而无表现力。

3）情景化景观是现代艺术给景观创作带来的新生命。首先这是设计语言的突破。当我们从抽象艺术学会

植物景观　湖北襄阳

休息与交流的空间　湖北襄阳

诗情画意的风景　美国罗德岱堡

生活化的风景　新西兰

了形式语言，设计开始有了明确的指向性。无论是情感还是思想，我们都可以通过艺术形式去表达。在对于风景的理解上也就有了更深刻的解读。风景作为思想和情感的"容器"，成了与人交流对话的生活空间。相对于诗意化的传统手法，情景化的创作不再拘泥于具体的表象，而更多地关注景观的情感氛围和思想意义。设计更忠实于内心而不被具象的"现实"所束缚。这样设计开始有了自由的空间，为创新提供了更多的机会。解决问题、创造生活是现代景观设计的目的所在。无论文字、图像或是符号都是创作的手段，不是创作的目的，也不能随意使用泛滥成灾，与创作意图无关的符号堆砌是缺乏文化与思想的表现。

窗影景观　法国

主题化的景观　法国

总之，正确理解文化景观的核心内容和表达方式有利于我们从表层的浅薄的形式里走出来，对于行业内文化景观之乱象进行遏制。人类要控制自己对自然的文化入侵。多留住一些自然遗产，不要把什么都文化了。

不是每个风景区都需要亭台楼阁，诗文碑刻的美化。国家公园要以自然为主体，以保护为目标，要把"文化景观"限制在相对较小的范围。

从风景文化的构建关系到设计师的修养、理念和工作方法，在很大程度上有赖于行业整体的发展。我们要对国家的风景资源和文化延续负责。不管你怎样做设计，笔下的每一根线条就是文化，要么恶俗，要么高雅。流芳百世的作品自有人称道，低级趣味的东西逃脱不了灭亡的命运。只有不停止学习，才能远离浅薄，让作品讲述一个时代真实的生活。只有根植于时代，根植于土地的作品才会世代相传，永不凋谢。

走向多元的思想体系

　　当今的社会最缺的就是创意型人才，而设计行业首当其冲。为什么我们这样一个泱泱大国优秀的设计作品和优秀的设计师是少之又少呢？

　　我以为最根本的原因在于我们全国大一统的现实主义美学思想和写实主义的艺术教育。

　　人是一种具有思辨能力的动物。这种思辨能力直接导致人与动物在创造力上的差别。没有思想就很难有强大的创新精神，突破常规的思想方法和技术能力。

　　就思想而言究竟是该统一还是要多元？我们常常强调齐心合力，而忽视了个体的独特作用。其实每个人都是一个独立的个体。思想的独立性构成了这个世界的多元，让精神世界得以美妙和多彩。

　　无论是从个体的发展还是社会的繁荣来看，多元化的思想是社会发展的动力，也是人性的本质。虽然在针对某件事情的态度上我们为了强调合作而提出"统一思想"，但不可以理解为束缚人的思想。"共识"是集体解决问题的需要，而创新依赖的是个体意识和人格思想的独立。

　　我们不得不承认，思想有正确与错误、好与坏、先进与落后各种差别。然而在通向真理的道路上思想更多的是从不同的方向一步步接近真理。正是这种不同路径的思想才使我们有机会去认识自然的多个方面，生活的不同内涵。这样理解我们才知道这个世界为什么出现了多种不同的哲学、美学体系；不同的世界观和方法论为我们开启了认识世界的不同视野和窗口，唯心与唯物或许不再是对与错的两个极端，而是看问题的两个角度。写实与抽象也是艺术的不同呈现形式。不同的思想和理念导致了艺术的复兴与繁荣。

　　设计从根本上说是一个创意行为，虽然有现实的功能和现状条件限制，但最终还是要求我们能够创造性地解决问题，而不是把现实当作羁绊。设计是方便使用的，同时也是为精神服务的。怎么为精神服务？你首先得去了解精神，要有超越现实的想象和表达精神活动的方法。

　　写实主义的艺术也表达精神和想象，但相对抽象主义的艺术，它是唯一的，并且是以现实作为参照。

　　写实主义在一定的范围内限制了艺术的空间想象力和精神表达的灵活性。现代设计是根植于想象和抽象的。以

建筑光影构成的风景　意大利

技艺为终极目标的写实主义艺术无法打开设计这扇大门。由于缺乏抽象主义艺术教育，目前各种形式模仿抄袭的设计作品泛滥成灾就是一个证明。当我们在评价某处一个新设计的亭子与杭州的牡丹亭有多像时，我们经常把这宗抄袭说成"神形兼备"，并为之喝彩！

再进一步说，写实主义的艺术是趋同的，也就是说，它有一个具体的，最高的评价标准，那就是"像"。抽象艺术是多元的，以情感表现为主要目的，它是包容的，不确定的。要走出单一的写实主义就必然要从思想教育方面建立多元化的价值体系。挖掘精神层面的价值意义是设计走向其本真的有效途径。

最后我们再来看看教育的问题。中国的艺术类、设计类的院校五花八门，各有各的做法和体系，然而唯一不变的就是基础美术教育。无论你是工科、农科还是环艺院校，几乎所有设计类的学生都是从素描开始学习：画石膏、画静物，清一色的写实主义！如果设计类的学生不学抽象主义，而是学很多写实主义的技能、方法及思维方式，对于设计有何意义呢？应该承认写实主义美术教育对学生的手绘表达能力有积极的作用；对造型能

写实绘画 达·芬奇

力的提升也功不可没；可它对一个人思维的束缚则存在着不小的弊端。对学生认识和掌握设计语言带来了不少困难和问题。问题的本质在于，我们要培养画效果图的高手，还是有创造力的设计师？

如果说写实主义的艺术就是教会了我们把一个杯子画得特别像我们过去见过的某个杯子……然后不知不觉地我们就开始了模仿和抄袭！模仿、抄袭当然不是写实主义绘画的错，但问题的关键是要让设计师学会创作就必须懂得抽象思维和表现手法，用一个新概念来表达对"一个杯子"的认识。一百多年前的包豪斯是因为有了克利，有了康定斯基，才走出了传统的写实主义的圈圈，才懂得了现代设计的无限可能性。为什么我们今天还一个劲地让学设计的孩子们画石膏模型呢？退一步说即使画石膏模型对培养他的造型能力有帮助，为什么不让他们再多接触些抽象主义的艺术呢？我相信只有改变思维才能改变行为；改变了行为和价值观我们才会找到新的方法，才会有新的作品。否则我们还会这样无休无止地模仿下去。

阿尔及尔女人　毕加索

原创精神与文化自信

所谓原创即设计师根据自己对项目的理解和生活感悟所作出的一系列从方案到工程设计与实施的努力过程。原创不等于别人用过的材料你不再用，也不等于别人选过的形体色彩你不再重复。但原创不会模仿，原创不会跟风造势，也不会投其所好，而是从项目自身的条件出发，让设计充分表达自己所具有的个性和品质。任何与真实感受无关的设计都称不上创作，也就更谈不上原创精神了。原创是对作品本真创意的忠诚和坚守。

任何创作都应该来自于对项目的深刻理解和发自内心的感悟；无论是来自于对文化还是对场地的情感体验，都是设计师们应该准确把握、贯穿始终的主要线索。原创来自于设计师对项目的认识和对场地的回馈以及对文化的提炼。不论你习惯于"主题故事"的方式创作，还是以功能至上，或是以文化要素为题，或是刚才提到的自我感悟，原创精神会有自身的规律性，不是凭空捏造出来。

首先，创作是对场地条件的尊重。任何一个好的设计都不会对场地原有条件熟视无睹，包括地域的自然与人文环境、场地周边的风景特色以及场地内部的资源状况。这些不但可以影响我们的创作思路，同时也构成了项目的背景条件，与设计必然成为一体。

其次，原创设计是项目功能内容的反映。功能是体验景观的一个不可忽视的构成要素，也是景观特色的重要体现。有效地把握好功能环境的建设给设计的原创性会带来意想不到的效果。

此外，原创设计离不开设计师独到的眼光和娴熟的技术以及思维能力。优秀的设计师都不会面面俱到，像记流水账似的把所有的东西都罗列到项目里；而是要具有突出重点，把握特色的艺术眼光，解决复杂问题的能力，并能满足不同人群需要。很多时候你必须作出选择，必须抓住那些让你感动的东西，必须保持那种单纯

和真实，才能做好自己的创作。

原创设计容不得半点虚情假意。设计师需要真实地了解项目、了解甲方、了解使用人群。通过对项目的多方了解，表达真实的设计感受是设计师遵循的务实原则。任何空穴来风，不切实际的作品都不可能具有独特的精神和艺术感染力。那些边做设计边翻图片，拼拼凑凑出来的东西是没有生命力的。

原创设计必须是从概念方案到施工的完整过程。一个概念方案的完成还远远不能表示一个项目创作的结束。通过扩初、施工图乃至现场制作的过程都是创作不可或缺的部分。那些只做方案，不懂或不关注施工图设计的人永远也成不了真正的大师，也不可能做出真正的好作品。失控的设计过程不可能出好作品。景观设计是一个实践性极强的工作。只有把握了设计的全过程及施工的全过程才能让创意落实到所有的细节里去。

因此我认为风景设计不应该把设计师定位为概念设计师、施工图设计师，或前期设计师、后期设计师。任何不能把控一个完整设计过程的设计师都是不合格的设计师。不懂得施工图的"概念设计师"都不知道在施工图的过程中还有多么好的创作机会；同理，一个"施工图设计师"不参与前期的概念设计是不可能把施工图画好的。强调设计过程的连贯性、一致性是实现设计原创精神的有效保障。

原创精神是设计师文化自信的根基。设计师或多或少都会面对这样一个问题：即怎么样对待身边的文化。对于文化的表现以及取舍体现了一个设计师的价值观和对文化的认同感。设计师的文化态度直接影响着他的创作。

文化虽然是一个非常难以界定的概念，但我们不难判断文化的两个层面：其一是积淀，其二是创新。作为一个民族历史发展的文化积淀，为我们提供了宝贵的财

历史文化景观　浙江仙居

富。我们每一个人都在时刻享受着前人给我们留下的文化成就。从科学、文学、艺术到生活的每一个角落都体现着历史的巨大影响力。我们这一代也将努力创造更多的东西留给下一代。这样世代相传的文化遗产是人类文明最珍贵的宝库。

历史的积淀有物质部分和非物质部分。物质文化是历史遗产，非物质文化遗产是那些流传下来的文化艺术、风俗习惯、生活技艺等等。什么样的历史观直接影响我们今天的选择，是继承发扬还是引以为戒？关键在于我们是否立足于今天的社会需要，立足于创新发展和对生活的真实态度。

文化的自信与认同深深地根植于对历史文化的理解、欣赏和作为传承人的自豪感。同时自信也来自于强大的文化创新能力。任何僵化的文化就不会有发展的动力，也就不会有能力引领民族和世界文化的发展。因

此，文化的自信来自于历史的积淀和文化的创新力。一个具有充分自信的民族，一定是重视历史文化的保护，包括物质文化遗产和非物质文化遗产的保护。任何以"革命"的形式破坏文物古迹都是野蛮行为，也是文化不自信的表现。一个民族要有强大的内心，那就体现在对过去，对不同文化形式和内容的包容和理解。以极端的形式摧毁文化的所谓"革命"，在中国历史上造成了文化的巨大损失，必须引以为鉴。当然，文明的发展和进步除了健康有益的历史文化，也必须摒弃一些落后的文化内容。让那些充满活力的，对现代生活有益的文化内容得以发扬光大。

文化的自信光有历史的积淀还远远不够。任何古老的文明的衰落都有一个显著的特点，那就是缺乏创新力。文明是一个活的东西。僵死的文化只能给文明背上枷锁，不可能引导民族很好地前行，更不可能引领世界

历史文化风景　斯里兰卡狮子岩

文明的发展。国家不论大小，只要有强大的创新力，就有发展的动力，就可以得到世界其他民族的认同。

　　文化的认同感来自于开放包容的价值体系。普世价值为什么重要？就是因为那是为所有人共同享受的东西。我们应首先讲普世价值，然后才是民族特色。反过来我们就很容易掉进极端民族主义的泥坑。

　　文化自信这个问题不仅是设计师们关心的，也是行业内外人士共同关注的一个话题。前些年受西方文化的影响，出现了很多西式古典园林风格的园林设计，特别是地产界从建筑到庭院都一味地跟风，迎合一些消费者的口味，造成了不好的影响。然而西方的东西进入中国本身并不是什么坏事，证明我们的老百姓对西方的东西有认同感，虽然出现了很多照搬照抄而且还是抄了人家几百年前的古典作品，但毕竟我们多少学习了人家的东西，有了一些经验积累。我们也抄了不少自己家的古典作品。那个学习过程是相当长的，至今仍然有许多人在西方古典或中国古典形式里遨游。这一点恰恰说明任何形式的艺术都有它

的生命价值。写实的绘画在今天抽象派、现代派流行的时代仍然有人喜爱。并且有所创新就是证明艺术的繁荣正是基于多种思想的引领。多种生活的需求与延续，多种艺术形式都可以有它的发展空间。因为社会需要不同的艺术，我们生活在一个多元的社会里。

　　怎样实现文化自信？自信当然是对本民族文化的认同。认同也有理解的认同和非理解的认同。非理解的认同是盲目的，无助于文化的传承和发展。

　　文化自信的根基是创新力、包容性及普世价值。任何一种文化的传承和发展动力都依赖于强大的创新力。一个优秀的文化是鼓励创新精神的。只有通过创新才能进步，才能引领世界潮流。苹果公司正是依赖于不断创新才赢得了世界，赢得了自身的发展。

　　文化的包容性非常重要。具有包容性的文化，才能吸引不同的人群，不同文化的加入，才会更具有影响力，才能发展壮大。任何一种古老的文化都会有精华和糟粕，社会的发展要取其精华、去其糟粕。淘汰那些落

直立的树干与平直的桥梁　湖北襄阳

后的部分，才能轻装上阵，走向未来。

　　文化自信也来自于价值的认同。自信和他信是一对相互支持的兄弟。如果没有他信，自信也会打折扣。所以其他民族的认同也是不可忽视的。民族文化要建立在广泛的普世价值的基础上才能得到他人的认同和支持。一味强调文化的民族性而忽视了普世价值，甚至与普世价值相对立，则很容易失去其他民族的认同。在具有了很高的普世价值认同的基础上来谈民族性才是对这个民族负责任的。否则民族文化变成了孤立的，不受世人待见的东西，一定会困难重重。什么是普世价值？保护自然，关心公共利益，关怀老人、妇女、儿童、残疾人的利益，突出使用功能和生态安全，讲究经济效益，突出简洁朴实的审美和人性化的生活内容，这都是能够得到多民族文化认同的普世价值。

　　文化创新的原动力来自于社会实践。正确理解文化的普世价值要求我们的设计师关心社会的需求，关心人的生活。解决问题的过程本身就是一个创新思维的过程，因为每一个时代都会有新的问题出现。只有迎难而上主动承担发现和解决问题的责任，设计才会有希望，才会给社会创造价值。社会实践的过程也是考验我们的知识水平和文化修养的过程，在这个过程中我们发现传统文化的精华和糟粕，从而找到创新的基本点。有继承有批判地传承与发展。

　　创新的过程也是不断学习不同民族文化成果，借鉴融合与共同发展的过程。我们应该保持一种开放的心态对待不同文化的交流，通过了解和借鉴其他国家和民族的文化，我们才能知己知彼，推陈出新。

　　文化的创新是多方面、多层次、多维度的生活实践。一个有活力的民族需要从科技到政治、民生、艺术等多个领域的创新能力。艺术与哲学的思辨为人类的精神领域开辟了更广阔的空间。这就是为什么当今西方教育把艺术作为一种基础教育的理由。不管你从事什么职业，艺术能帮助你走出传统的框框为创新提供营养。

大地景观　张北风电基地

时尚、潮流与自由的设计

一段时间新中式风格的建筑与景观很流行，不少人似乎是很想回到以往的亭台楼阁、水榭长堤之中。过去西式风格的建筑和景观也曾风行一时。后来渐渐地变得不受人待见。也许有人会问明天究竟会流行什么？其实流行的背后就是一种如痴如醉的模仿。如果连设计这种需要如此创造力的活动都逃离不了追求流行与时尚的命运，这世界真的就可以不要设计师了。色彩可以流行，形态可以流行，但作为设计的内核，其情感和内涵永远无法复制。

首先，所谓"新中式风格"，它新吗？一点儿也不！从20世纪50年代初以梁思成为代表的建筑师们在国内搞了一大批所谓新中式建筑，即西方的门窗加上中国的大屋顶算起，到20世纪80年代初贝聿铭在香山盖了一个饭店，以及后来的苏州博物馆，"新中式"已经历半个世纪的时间了。

半个多世纪，这已经占了现代主义运动史的半壁江山！现代主义在中国始终是个半吊子，还没搞清楚来龙去脉就被扔进了大坑。有人说，一旦某种设计落入流行的模式，形成派系，那就已经走到头了。如果潮流终将是一种设计风格的宿命，那风格本身就没有太大的意义。风格原本就不该是设计追求的目的，因为跟风造就的作品最终是没有艺术地位的。这就是为什么大多数设计师都将被潮流淹没的原因。不论是追逐潮流还是引领潮流，都逃脱不了这种灭亡的命运。为什么引领潮流也是这么一个可悲的命运？因为引领潮流的东西本身就有太多可以复制的元素，迎合的是时尚的口味。设计是独特的，不能被割裂。每个设计都有其内涵，不能随便被借用和混搭。真正的好设计不需要去引领什么潮流，当你用自己的语言去描述一个场地的故事和那些让你动情的感受，那么这个作品只归属于你自己，归属于这个场地。特殊的个性赋予一个作品所具有的生命价值，与别人的时尚潮流没有丝毫关系。它甚至可以不伟大、不光鲜，但一定无与伦比，是有生命力的个体或是一种生存状态。这种设计可大可小，大到可以是对全人类甚至整个宇宙的关爱和期盼，也可以小到对一片树林、一颗幼苗的呵护，对一块砖一片瓦的爱恋。勒·柯布西耶的郎香教堂没有流行，赖特的流水别墅也没有流行，那种根植于场地和设计师内心的作品没法流行。

设计的意义就在于表现一个作品在所处的环境中给人传递的信息以及带来的情感体验。它所运用的语言应该是设计师的独到眼光和情怀。设计只有进入了这样一种状态才不会落入所谓的欧式、美式、新中式等等风格的俗套，才有了设计应该有的空间，这种空间没有民族情结、没有地方保护，没有政治压力，没有违背心灵的敷衍。只有撼动灵魂，场地与人的情感交流才是真正的好设计。

现代主义

新中式风格

欧洲古典主义

风景设计的民族性与世界性

宁静朴实的景观　北京郊区

常言说世间万物都有灵性。无论是群山沟壑、万顷良田，还是一草一木、一花一蝶，无不牵动着我们的喜怒哀乐。岁月的枯荣、人间的沧桑都是生命的声音。

在人与人之间，人与物之间，我们可以通过风景来交流，抒发情感，脱离了各种语言的障碍，人们在同一个语境下交流，这就是风景的通性，也就是它的世界性。在风景中我们体验人生的喜怒哀乐，传递人们对生活，对自然的关爱。风景，无论自然的还是人工的，都是以这样的宽容接纳人的关注，无论你是来自哪一个国度，哪一个族群，哪一个文化背景，都可以感受到风景带给你的感动。可以说世界上最通俗、最真实的语言就是风景。

相对于风景的世界性，每一个地方由于特殊的自然地理条件和人文历史构成了这一地方的地域性和民族性风景特色。我们强调景观的地方性、民族化特色是为了保护每一个地域的自然和文化，使之区别于任何其他地方。不同人群、不同资源特色是设计存在的基本土壤，

也是设计多样化发展的宝贵资源。

讲究风景的通性和强调风景的地方和民族性是否有冲突？我们的风景设计是要导致人群的融合还是要造就人与人的相互隔离？看来风景的世界性和民族性真还值得我们好好研究。

毫无疑问，民族文化为人类世界这个大家庭增添了许多精彩的内容，也为文化的大发展注入了活力。

风景的民族性与民族文化及民族发展历史是一脉相承的。三百年前世界基本以皇权宗教为大一统的形式，无论东方还是西方，都没有把民族、地方乃至个体的权益放在眼里。民族主义运动的兴起造就了全世界范围内的民族繁荣和民族独立以及民族自信。也才有了全世界这么多国家。每一个国家、民族的文化才得以保存和发展。应该说民族主义的贡献在人类历史上是巨大的。有了民族主义运动，我们才认识了民族文化，才认识了人类求同存异的文化发展是多么重要。

然而我们也应该看到民族主义给我们带来的惨痛教

训，第一次第二次世界大战都是极端民族主义导致的恶果。如今的中东危机，国家与国家之间的竞争乃至我们各民族之间的复杂关系都是值得我们好好反思和细心研究。

在经历了三百年的民族逐鹿后，我们来看看这个多民族的世界更需要学会和谐相处。在承认彼此的价值的同时要强调共同的价值观，也就是引领世界的文化。这种世界主义的文化值得我们努力去创造。作为一个泱泱大国要想引领世界就必须有这样的胸怀和实力。风景园林可以勇敢地走在前面。

风景是没有边界的世界财富。虽然我们人为地把地球划分成了不同的国家，不同的地区、城市、社区等等。但是属于这个世界的风景谁也带不走，全人类共有一个地球，共享一个太阳，也只有一个月亮。我们的土地被海洋连接，鸟儿可以飞越国界线，植物的种子可以自由选择在世界各地发芽。我们都希望看看非洲的野牛迁徙，也希望欧洲的人来看看我们的庐山与黄山……

我们在鼓励和弘扬风景的民族性、地方性、设计师个性的同时要更多地看到风景的世界性。风景设计要根植于生态、人性的基本原则，为世界和平、地球的健康、人类的福利努力创造。而不是在民族主义的小圈子

民族传统的建筑景观　缅甸

里自娱自乐。

常听到一种说法"民族的就是世界的"。这话乍一听还似乎有些道理：有民族特色的东西当然就有它存在的价值。但细品其个中含义，我们不难发现，事情并不是那么简单。其实这是一个很值得商榷的口号。我们国家近几十年来的实践证明，民族的不一定是世界的，而相反，我认为世界的才能得到越来越多民族的接纳。

盲目的讲究"民族化"，事实上并没有给我们的景观事业带来什么好的效果，反而造成很多的景观破坏和错误的导向，越是强调民族化的地方越是容易落入俗套。恶俗的"文化"气浪把原本好好的景观穿衣戴帽似的套上了不少"人文"的枷锁，特别是在一些少数民族地区，地方文化浓厚但经济较落后，就成了这种所谓"民族化"的重灾区。

地域风情　法国巴黎

最近武汉万达试图用一台"汉秀"去挑战迪士尼。这事儿所传递的价值观和思维模式值得我们探究。首先我认为迪士尼是完全可以被挑战的，但这要站在同一个平台上去挑战，否则就是自说自话，自娱自乐。迪士尼的设计理念走的纯粹是国际范儿的"普世价值"，根本谈不上是什么美国文化。它主要以儿童为服务对象，以童话故事来串联场景，涉及的情结都简单明了，全世界的儿童都很喜欢。其参与性、互动性很强，观赏加娱乐都在其中。人家从一开始针对的就是"世界性"——全世界所有的"儿童"，这就是以人性为出发点，而不是以地方性为出发点的一种观念。在这种国际性的前提下，人家又加入了不少地域的和民间的文化内容，使之通俗易懂，增加了特殊的文化趣味。

"汉秀"是其他国家的人看不懂，恐怕连我们国家的其他少数民族也都不一定有认同感的一台表演。形式上，观众只是在被动地接受教育，而且形式单一；除了声光电的画面、音乐剧的情结，就是号称有几个世界第一的现代化的声光电技术。第一有什么用呢？第一就伟大吗？理念上的局限，导致产品的小家子气和商业上的落寞。

我们要创造具有鲜明民族特色，同时又具有世界意义的作品，首先要从人性出发，创造普世价值的风景。走向现代，走向世界就应该从这里开始。有了文化的认同感，才会为人所接受，我们才有可能为世界文化做出更多的贡献。传播文化靠坚船利炮是徒劳的执念。

民族化的问题，可以看成是个性化的基础。每一个设计师或多或少的都会被烙上民族化的印迹。可是民族化不是抄袭古人或他人的东西，对于一个好的设计而言，任何可以启发思维的东西都是创作的源泉。只要我们不背上民族化的包袱，一切都顺势而为，民族的精神和情感就在自然的表露之中。民族化的目的不是排他性，是要让人能品其味、观其形、会其神，给人以精神和生活上的启示，这样作品才能达到应有的效果。为了所谓的民族化而贴上一堆标签实际上是把民族化引向了低俗，更谈不上发扬光大。

汉秀剧场 武汉

草原生活场景 青海

艺术的求真：从正能量、负能量说起

繁荣的景色　广东肇庆

设计的精神意义在于创造一个场景，一种能够让人的心情找到归宿的空间，无论是喜悦还是悲愤，希冀还是失落。这个归宿能够给心情提供一个自由释放的场所，这就是风景之于人的情感的意义。

过去，我们一直认为风景设计只能表达正面的美好的形象。然而一件作品对公众呈现以后，得到的评价也不尽相同。原因在于人们对美的判断标准存在着不同的理解。特别是现代社会，人们的审美观更加多元、复杂。科学的精神在于质疑，在于不断地寻找新的答案，也在于不断反思前人的成果。艺术的本质是从黑暗中寻找光明，看到希望。我们知道很多情况下，美会因人、因时、因地产生变化，美与不美从来不是绝对的。让风景设计师，为了追求所谓永恒的"美"而设计，通常是徒劳的。

因此，需要思考我们所设计出的风景，怎样才能表达出人的心情；风景对人的心情会产生何种作用？如果风景设计只限于表达正面、积极的意义，那么人的喜怒哀乐、悲愤与失落、无助与彷徨等等复杂的情感都与风景无关吗？关注人类的各种不同情感与风景的结合，设

计才不会那么苍白。

设计的根本目的不是为了追求美，而是为了创造一种生活环境，一种与心灵交融的场景情境。正所谓，人有"情"而长于万物，景有"情"才有生命。

极简主义可以帮助我们理解设计的语言意义，用最简单、最直接的方式来表达场景与情感的契合。通过对空间元素的不同设计，表达出人在活动中与之相应的心情。设计如果定义在这样的范畴里，才真正具有了自由表达的空间。

风景要表达心情。心情当然就不只是快乐，也会有各种各样的不同需要和表现。我们在呼吁正能量的时候，顺便把负能量当作洪水猛兽。这样做实际上误导了很多人。如果要把人的精神比作"能量"的话，那么能量就如电池的正负两极，正与负是相辅相成的。同样，艺术不应只关注积极的情感。兴高采烈的情绪值得我们去表达，消极悲观的情绪也应在我们的关心之列。

无论是一个公司或是个人，或是创业，具有积极的精神面貌当然好。乐观开朗的人经常被当成排头兵，带领大家积极上进，完成任务。可大家或许没注意到，这

残破的景色 贵州

些"排头兵"通常只能是"排头兵"而已，很少会把他们放在指挥员的关键位置，因为这个位子需要更多的智慧，而不是一种不管不顾的冲劲。

一方面是"傻劲"要避免，另一方面要分清真伪。为了迎合大众的胃口和领导喜好的所谓正能量，实际上没什么可取之处。无论是对企业还是个人都应慎防这种假冒的"正能量"对我们的危害。"盲从"是社会的诟病。不分场合，不顾背景、条件、行业和具体问题，我们以正能量的名义干了很多的坏事。如果不是正能量起的盲目作用，我们的古城、古村落不会大规模地消失，我们的环境污染不会如此严重，我们的教育、国民的道德意识也不会让人如此尴尬。

我们常常以"团结"的名义强调集体的力量而消耗个人的力量；常常强调统一思想而忽视了个体思维的重要性。搞群众运动的工作方式和价值观还沿袭在公司管理和艺术领域。这在很大程度上阻碍了艺术创新及设计行业的发展。艺术家以虚假的作品迎合观众，满足自己的利益需求，这是艺术上的堕落。

怀疑、悲观、较劲、彷徨、恐惧、忧虑、不听话，这些词都是用来形容"负能量"的。在人的一生中这些"负"面的情绪会反复出现，贯穿一生的成长过程之中。谁能一辈子只是快乐无忧？换一个角度说哪一个人没经历过这些"负"面情绪？要正确理解负能量，并不是所有负能量都是"负面"的，比如艺术上的消极，正是因为消极过，对消极有深刻的了解和感受，反而比别人更接受自己，变得更坚强。所有的这些情绪和行为都是我们每个人与生俱来的，再正常不过。人生中所有的悲欢离合，艰难困苦，喜怒哀乐不都是精彩的人生？

有人说思想感情丰富的人会比一般的人活得更痛苦，这话一点不假。经历痛苦，体验悲伤，人生又何尝不是一种别样的多姿多彩？我不相信每天乐哈哈的人真有多幸福。有意义的人生才会幸福、有价值，无论对于自身，对于他人，对于社会，对于自然都是如此。

"怀疑"是一切科学研究、艺术创新的前提和基本思维方式，没有怀疑就没有发现。任何一种发明创造始于对现有观念的怀疑和重构。通过怀疑我们可以证实假定或推翻假定。通过怀疑才有可能修正或更加坚定我们的信念，发现真理，走进艺术的境界。

苍茫的景色　延吉

"悲观"并不总是人生的障碍，而常常是一种自然情绪的流露。允许心绪自由，才能真实地体会万事万物。以悲观的态度对待错误的事情，就是正确的选择。如今环境污染问题如此严重恶化，有识之士悲观一下又何尝不可呢？难不成要人们欢喜地赞扬污染的好，应该吗？

　　"较劲"的人看问题，会比较深刻，往往是因为坚持自己的信念才会较劲。不管是和领导较劲还是和社会较劲，都需要勇气。认真对待事业、负责任地对待我们的社会，都是不可多得的品质。坚持都是要付出代价的，能坚持不为利益所动，不为世俗所欺，受得了孤独和挫折、耐得住寂寞和清贫的人，才真正值得我们的尊敬。

　　"彷徨"也是人生旅途中的一种神情显现。我们生来彷徨，特别是还年轻，没有多少阅历和财富，世界未知太多，人生常有不测的时候。只有当我们老到足够镇定，看透人间沧桑，也就不再彷徨。从幼稚到成熟的过程都是最珍贵的人生历程。因为彷徨我们多了些思考，多了些比较，把事情做得更完善。我们因此而有了追求，变得负责任、有担当，一步步走向成功。

　　"恐惧"也不都是懦弱的表现。我们恐惧世界末日到来是因为珍惜生命。世界上的恐怖活动频发，人们不感到恐惧才怪！正常人都会对死亡、对暴力、对贫穷、对无知、对愚昧等感到恐惧，恐惧会让我们警醒，找到反制的理由和方法。

　　"忧虑"并不同于忧郁。忧郁是一种病，而忧虑是一种心情。儿行千里母担忧，那是出于一种强烈的爱。世事难料，忧虑相随。这是我们生活中永远挥之不去的心结。

　　职场上我们常常把执行力，军队的风气，等级关系当作管理和手段，也许在一定的时间里照顾了生意，但从长远来看、从社会学角度来看是我们这个时代的悲哀！"不听话"是我们常常拿来批评别人的口头禅。听话的孩子招人喜爱，不听话的孩子常招来打骂。当然我们这里所说的不听话并不指孩子的调皮捣蛋，更重要的是我们要怎样全面地看待"听话与不听话"。在不同的环境条件下的"不听话"有着完全不同的含义。在军队、在战场上，"听话与不听话"也许是生死攸关；在工作中或朋友间的"听话与不听话"则完全不同。如果把军队的要求应用在公司、家庭、朋友间，那显然不合适。可事实是我们有太多的时候就是这么做了："不听话"被当作负能量一概而论。伤害那些说真话，坚持真理的人。我们需要情商高，沟通能力强的人，但也不该拿情商高当饭吃，坚持 做人的原则，维护真理的态度仍是我们做事为人的底线。

　　说了这么多有关"负能量"的话题，究竟对艺术有什么帮助？我们首先应该看到的是做艺术的求真过程，或者更准确一点说是探求心灵真情实感的过程。不应漠视人们的多种情绪与感受。笼统地把情绪简单地分解为正或负，我们的艺术就会走向虚伪，沦为说教的工具。当我们把诸多人类真实情绪体验摒弃掉的时候，价值观就会被扭曲。

　　大自然有与人类情感相对应的所有空间场景，有让人兴奋的日出江花，也有落霞孤燕的悲戚；有春天的繁花似锦，也有寒夜的落寞凄凉。夏日的红花很秀美，冬天的枯枝也传情。

　　我们无法只看中秋的明月高悬而抛弃雷电、风暴和阴雨绵绵。万物皆生百态，生活原本就是这般的五味杂陈。

　　相对于普通民众，艺术家应该是另类群体。我不能说他们都该忧伤，但忧伤确实是他们的天性。但愿社会的包容能让这种天性得到保护，否则哪会有精神世界的直白和从容！

山中云雾　浙江仙居

"形式美"的误区

无论是传统的写实主义，还是抽象的现代主义艺术都绕不开形式美这个话题。传统美学强调形式美的原则，即所谓对称均衡、节奏韵律、多样统一等等，以及所谓黄金分割律。这似乎给我们一个印象，只要遵循了形式美的法则，就可以创造出美的形式空间。如果真是这样那世上不就有了永恒的"形式美"么？满足黄金分割律的形式就一定是美的吗？完美在什么地方呢？如果美都有了固定的形式，那么要艺术家天天去折腾艺术创新干吗呢？

现实的情况是按照所谓的"美的形式法则"以达到大众的眼光已经习惯的"赏心悦目"，已经让艺术流于折中，而不是进取突破。今天只有少数艺术家还在根据自己的感受去创作。他们把美的原则放一边，接受内心的指引去创作。现代艺术相信，只要是心里感受到的都是最好的艺术。艺术的意义是传达作者的真情实感。

首先我们不妨简单地分析一下问题，那就是艺术的目的究竟是什么？是为社会、为他人或者是我们通常说的为人民服务，还是只关系作者自己的事，与他人无关？艺术家如果不是表达自己的真情实感，凭什么为广大人群代言，去表达别人的心灵感受？你能表达别人的真实感受么？仅仅为大众的、为他人的艺术其实是做不到的。艺术家缺乏自身的精神体验，也不可能做出真正的好作品。

其次，艺术家不是艺术的代言人，而是艺术的创造者。无论使用的是什么样的形式语言，艺术都是在表达感受和思想，表明对自然和社会的认识。真实的艺术就应该是艺术家自己的事，无关他人的喜怒哀乐。如果能引起别人的共鸣，那是幸事；如果不能也无须强求。当然我们知道，无论是历史还是今天的社会，无论是西方还是东方，"艺术"被用作政治、宗教、宣传等各种工具比比皆是。艺术家被利益绑架也是常事，但是这不等于我们就该认同艺术为政治服务、为宗教代言这样的命运，或一辈子成为追逐金钱和名利的奴隶。坚持艺术的本真不容易，但把伪艺术当真，却是不可原谅的。

对于设计艺术而言，由于其复杂的功能服务要求与艺术创作常常发生交织，我们不容易区分其孰轻孰重。从功能和服务关系上，毫无疑问，设计要为委托方，为使用者服务。在这个意义上，设计就是一个工作，属于服务行业的一种工作。然而其艺术创作的来源是作者的

原野 新西兰

心灵体验，这种心灵体验不是服务，更不是为谁代言，它是作者自我的，而非他我的自由呈现。

让我们回到形式美这一话题。世间其实根本不存在永恒的形式美。形式美的法则只是人们根据以往写实主义的艺术实践总结出来的理论，不是美的真理，它不适用于所有的艺术，特别是现代艺术。当写实主义艺术以其精湛的工艺和技法征服了人类的视觉感官，也就预示着它的无可超越，以及一个非凡时代的终结。同时，传统意义上的形式美也就从过去的非凡走下殿堂。现代艺术以多样化的造型语言使作品变得更有表现力，让艺术走出了传统写实主义的框架、套路。艺术作品真正获得了形式上的自由和更准确地表达思想的自由。真正感动人的作品应该是作者的思想和想象力使形式插上了翅膀，而不是寻求形式本身的登峰造极。

我们今天总习惯于告诉自己或学生们什么是美，什么是不美；想当然地以为自然之中有一个具体的形式美的标准摆在我们面前，让我们去抄袭、模仿。我们有很多习惯性的做法，没过脑子就一直是那么做，从来不问为什么。比如做园林的总喜欢把植物种得很丰富，以为植物种植分为上中下三个层次和四个季节就是美。游步道修得步移景异，峰回路转就是美，曲桥总比直桥美……其实没有思想的设计怎么都不可能美。荷花、竹子不是种哪儿都美。实际上把梅兰竹菊搭配唐突的随处可见。被模式化的教学、思维方式和行为习惯，目前仍是我们这个行业的误区。直接导致了千篇一律的设计。忘记了老祖宗"因地制宜，意在笔先"的教诲，我们就掉进了所谓"形式美"的泥塘之中。

抽象艺术家们也强调独立于艺术思想的形式美。甚至一些人认为形式本身就是美的，并不要有什么主题内容；比如说早上的太阳、晚间的落霞、宽阔的海洋、蓝天白云、大雁成行，这都是形式美的自然呈现。真的是这样吗？以上这些真的能离开我们的文化，离开人类的精神而独自"美"下去吗？美感是人类的一种精神体验，是一种以主观情绪为主导的精神活动，不是客观存

湖泊 广东

在，也就是说离开了人的思想意识，美是不存在的。

日出日落的美难道不与我们对其精神上的寄托相关？日出所象征的青春的朝气蓬勃，落霞所折射的华彩富足都是文化的烙印。蓝天白云、大海草原都可以是我们对自由对大自然的向往和宽厚情怀的寄托。因此，形式美不美并不是它自身所具有的属性，而是我们赋予它的精神意义。

从事艺术创作的人需要的是自由的思想和形式创作的能力。然而如果把形式美视为一种物质存在，而不是把它理解为一种精神载体，那我们就从根本上否定了艺术作为精神生活的意义。我们要寻找的是自己的内心，而不是外部的物质世界。如果说传统的写实主义艺术是通过实体的具象传达其背后的思想情感，那么现代艺术正好与之相反：直面内心的感动，通过抽象的形式语言表达思想。

形式作为传达思想意识的桥梁本身并不具备独立的美学意义。离开了人的精神和文化背景，形式就失去了传递信息的功能。在这里我们谈论"形式美"其实是个伪命题。形式无所谓美与不美，它只是表达情感和精神体验的艺术手段，而非情感本身。

然而作为传达精神感受的艺术形式在一定的文化语境之下是有意义的。就像我们的文字，懂它的人们之间就可以进行交流。再好的文字对不懂它的人就毫无意义。然而有意义的形式并不一定都是美的，任何一种创作的主题构思都需要一定的形式语言去表达。通常情况下，我们的创作手法围绕构想去表现而不是为了形式而形式，换句话说，艺术不是为了创造美的形式。

这样看来形式美与不美其实并不重要，作品最后的动人之处在于真切地表达了某种言外之意，体现了作者的善意和真情。也许这就是艺术作品的魅力所在。如果真情和善意是美的基本要素，那么我们有理由认为艺术作品进入了真+善=美的境界。也就是说，美不是一个高于真和善的境界，或者说更高的层次。求真和善意即为美。

我们用有意义的形式去表达精神生活。世界上任何形式的艺术都是变化的，没有固定不变的美的形式。一切形式的意义都随时间、地域、人群的不同而不同。追求所谓永远的形式美是徒劳的。如果把"形式美"当作我们创作的目标，那就更是无稽之谈。艺术家也许会自觉或不自觉地形成一定的艺术风格特征，但风格只是表象而不是本质。

总之，传统审美的形式法则，已经在很大程度上限制了创作的表达。从模式化的形式语言解放出来，自由地利用形式语言去表达我们的生活体验，对今天的艺术创新非常重要。我们通过巧妙地组织形式语言讲述内心的故事。好的艺术作品要对生活进行提炼和创造，而不是根据所谓的形式美法则按部就班地造出一个"形式美"的产品。只有这样我们的作品才会生动起来。

桥梁　西伯利亚

雪痕　吉林龙井

荒野的魅力

荒野孤境　新西兰

　　一直不明白为什么画家写生都不愿意去公园，而喜欢跑到荒郊野外，去画那些破旧的茅屋和一些无人涉足的丛林。小时候学画画最爱去的是湘江中间的橘子洲，而且必须是洲尾而不是洲头，因为洲头建了橘园、亭子和小码头，岸边还有高高的石头墙，被修得很人工化。洲尾有渔民简陋的房子、随意堆放的杂物、临时工棚和菜地。那儿有各种各样的小草和树林，还可以听到鸟叫和蛙鸣。长沙每年都会发大水。大水一过，就会给水陆洲留下一些意想不到的"礼物"：水面宽了，树林子也变了，有时候还会从上游漂来一些大树叉子，天然无序地堆在那里，使小岛尽显荒凉之意。

　　我喜欢那种荒凉……

　　那是一片可以探索的土地，有多少意想不到的景致和奇妙的动植物让人感到惊喜、流连忘返。

　　在无人的荒野里，你可以远离城市的喧嚣，让自然的朴实和真诚带你走进一个神奇的世界。

　　荒野是一片自由的天地。在那里你不会有任何约束，尽可以大声呼喊，也可以无目的地奔跑。在丛林中静听自然的声音，在荒野里与自然融为一体，对于今天的城市人是难得的闲暇和放空。

　　荒野是孕育诗情的地方。当我们一天天被文化解体，变成一个社会的机器时，荒野是一片净土，在那里你可以找到原本的自我和一些残留的诗意。

　　荒野是一个地方自然地理的信息库，也是一个地方地域风情的象征。它对于生态，对于人文，对于一个城市的发展都是一笔财富！

　　如果没有荒野，怎么会有诗人如此感怀："长亭外，古道边，芳草碧连天……"

　　如果没有荒野，就不会有那草原上悠扬的吟唱，"鸿雁天空上，对对排成行，江水长，秋草黄，草原上琴声忧伤……"，荒野诉说的是一个个动人的故事，是对生命的感悟，是说不尽，道不完的情怀。

　　我们曾经错误地认为只有自然保护区里才应该有自生自灭的所谓荒野风光，其实在城市或城市周围能保留些自然状态的空间该多么美好、独特。无论是城市还是乡村，都不应该排斥自然。让人们感受自然的生命力，

诗意的景观　斯里兰卡海滨

完成自我的修养和更新，让所有人造的风景都能成长为
自然的伴侣，这些过程才称得上是真正的和谐之美、相
融之道。

　　记得在美国上学时，老师曾带我们去看明尼阿波利
斯的一个景区，叫明尼哈哈瀑布。老师问我们的观后感
想。当时我随口说道："Horres Cleveland 也没有做什
么设计，基本上就是保留了现状。"老师答曰："对，
就是不做太多的设计！"这话曾经让我很不以为然。现
在看来这种"有所为，有所不为"的价值观很值得我们
好好学习和深思。什么是最本质的文化？对待自然的态
度即是。

　　当我们大谈文化景观的时候，我们应该看到真正自然
状态的荒野景观正在一天天地消失。那些曾经养育过我们
的自然，给过我们无尽回忆和遐想的荒野景观将成为稀缺
资源。我们该想想那些幼小的鸟儿，那些涓涓细流，以及
丛林中孤独的蝉鸣，它们似乎是在呼唤，呼唤我们的建设
者们、设计师们，请给它们留下些生存的空间！

自由　新西兰

原生态的河滩 新西兰

荒凉的海岸　新西兰

草原　新西兰

自然生态　新疆喀纳斯湖

留住自然的野性

自然野趣的风景　新西兰

从对风景的认识不难看出，人只是自然之中很小的一部分。虽然我们改造自然的能力很强，同时我们也意识到了人为对自然的野蛮干预是多么可怕。实际上无论我们做多少人工的风景都不要无视自然的存在，即使是最人工化的城市空间，自然仍然会主导我们的风景存在过程。如同我们研究人的属性，既有天生的，也有后天学来的，有内在和外表的区别，风景也一样有自然的、人文的、本质的和表象的差异。

作为风景设计师，我们怎么样重视文化都不为过，但是，同时要更注重风景的自然属性，或者我们称之为风景的野性。保护和尊重自然的发展规律，敬畏自然的野性是文化的一种境界，也是景观生态的基本原则。文化之于景观并不是越多越好，文化的意义也不是为了"出于自然，而高于自然"。也不要把什么都打上文化的烙印。我们也要学会甄别文化的好坏。

除去虚夸和伪善，无论是城市还是乡村，尽可能多地保留一些自然片段，对于我们的整体风景特色是有利无弊的。特别是一些重要的自然生态地段，依靠人工是无法再造的。如同关在笼子里的动物，过多人工化的喂养，会使它们变得过于温顺，失去活力。

每次从项目工地巡检回来，我都会觉得特别忐忑。一些项目建成以后，才发现很多遗憾，甚至有些地方做得还不如以前好。场地里原有的很多自然资源经过我们的设计之后就消失了。我常常不由自主地想，能留下一些过去的影子该有多好！

对于大自然，很多人以为自己已经了解得很多了；包括很多生态学家、景观学家都自以为很懂生态。其实对于生态我们了解得还远远不够，能够真正理解、真正掌握的并有效地用于设计创作过程中就更是其中很小的一部分。生态有它自己的规律，永远是我们不可能完全认知的。

对于自然界的很多东西包括树木、动物、昆虫和微生物，我们都关心得不够，也没有去了解它们对生态的真正要求。我们自己对生态环境的认识都还非常表面化。这其中既有我们知识欠缺的原因，也有我们心态不正确的原因。由于我们总从自己的主观意识出发看问题，导致我们愚蠢地认为荒原不是我们想要的生活。一碰到荒原就急急忙忙地把它铲平了，然后打上钢筋混凝土，盖上大楼。另一方面我们也很难从其他生物的角度

神秘野趣的风景　新西兰

轻松简单的风景　斯里兰卡

舒展自由的风景　新西兰

朝正垸项目场地　长沙

月亮湾湿地公园原生植被　湖北襄阳

朝正垸项目场地　长沙

来看问题，以至于做出的决定，很片面，也很草率。我们常说的科学判断和科学决策实际上离我们还很遥远。

上面这几张图是我最近在一个项目现场踏勘的时候拍的。这个地方的自然景观非常动人。上天设计得非常优美。我觉得再没有别的办法做出比这还优美的景观来了。这里有很多昆虫的活动，很多鸟类在觅食。这样的生态环境人类是无法复制和创造的。我们一定要认识到，人类的力量、智慧和知识都是非常欠缺的，人类不是万能的。

怎样看待自然是一个观念的问题。很多人不把荒野当回事，认为荒野既不漂亮，也没有用。甚至有人认为荒野就等同于垃圾，应该消失。其实荒野的美和生态价值是毋庸置疑的。

在做设计的时候，我们应该尽可能多地留下一些自然的野性，因为它们代表了大自然的真实面貌。自然有很多不为人知的奥秘等着我们去探索，有很多的美丽需要我们去发现。自然的力量是无穷的，位列于我们人类的力量之上。自然遗迹一旦被破坏，就无法再完全恢复。这点尤其需要引起工程技术人员的重视。溪流、湿地、花鸟鱼虫这些自然景观是人类可遇不可求的珍稀资源，一定不要让它们在设计中随便遭到扼杀。

湖北襄阳月亮湾湿地项目场地有很多自然的水系和原生植被。其中的枯枝树叶给了我们无尽的感动和惊喜。在设计中我们刻意把它们留了下来。这种留存对我们的后续设计，带动场地里的生态恢复和重建起到了无法替代的重要作用。

自然的一些片断对场地生态的影响，很多时候是不为我们所知的。生态学家会研究很多生态问题，比如哪些树种是共生的；什么样环境会吸引什么样的昆虫和鸟类，这些昆虫和鸟类需要什么样的栖息条件等等。尽管如此他们也不可能完全掌握一个复杂的生态群落。自然遗迹如果被保护下来，这些生态群落也就被保留，这对我们将来的影响是我们现在不可预知的。保留了这些自然遗迹，才能让我们的后代有机会去探索和了解。

野性不仅是自然的、生态的，也是非常美丽的，能够激发人们的想象，更是艺术家们的创作素材。乡野是最美的乡愁。

自然寄托了人类的情怀，人类所有的情感都可以在大自然中间找到归宿。风景与人的情感是相通的。我们

新疆昭苏

曲靖田园

在城市的建设过程中，保留一些自然的东西，如大树，水面，小草，山石，都会对我们的生态重建和精神家园的再造产生很大的效益。

自然的野性造就了一个地方鲜明的地域特征，好好保护它们有利于改变城市的景观生态。当我们还比较落后、愚昧的时候，更应该多向自然学习，借用自然的力量和智慧来修复被我们破坏的城市。

总之，自然的野性是风景的重要特质。无论从生态、从审美上说都是风景的内在气质和生命象征。设计师要把自己摆在从属的位置上，改变看问题的角度，不要想着去再造自然，而是欣赏自然。与大自然一起设计，一起成长，把阳光、雨露、风霜、月夜都融入到设计中去……要树立新时代的价值观，只有价值观改变了，才会发现风景的生命力，才能真正认识风景生态。

风景园林的内涵与外延

河川风景　广东

风景与人类的成长密切相关。人类在地球上已经生活了几百万年，从非洲的好望角到今天世界各地的大都市，经历了非常漫长的历史时期。在人类发展的初始阶段，我们和自然完全融为一体，可以说就是大自然中间的一个小小的成员。我们和地球上其他生物都相处得非常和谐。几百万年间，我们跟自然没有太大的冲突。后来随着人类社会的不断壮大，特别是近几百年来城市化发展，远远超过了过去几百万年人对自然的干预，各种问题也随之显现出来。

1. 面临的问题

不断的城市化，不断的经济建设，使我们与自然的距离越来越遥远。面对雾霾频繁而至，水源被污染，食品缺少安全，生存条件日益严峻的现实，我们不得不警醒，并反思过去的所作所为。我们不该孤立地站在人类立场上看待地球资源，而是应该站在所有生物体的共同利益上看待人类文明的发展过程。文明的发展过程中我们按照人类的需要进行建设，却忽视了其他生物的存在。对那些被我们忽视的生物来说，在很大程度上人类的文明是野蛮的。人类自认为是为文明所做贡献，而对

于它们大多是灾难。

大规模城市化催生了风景园林行业及城市公园的建设。公园最初是从娱乐的需要产生出来的，而不是因为城市生态的需要，更不是因为自然保护、人以外的动植物和其他生物的需要。

城市化的结果使得我们赖以生存的自然资源基本消失殆尽，然后我们花大量的人力物力去建设人工化的公园和湿地，这就是当今的现状。人们对土地上的自然资源却视而不见，各种人工设施充斥其间。现代人在城市里面获取了很多的财富，但是鸟飞走了，松鼠没了，蝴蝶消失了……人造的空间里，其他的生物都被一扫而光。在这样的现实情况下我们来谈人与自然的和谐，谈所谓的城市生态都是自说自话。在三百年前的任何时候我们谈天人合一都没什么错，但是今天的人类，已经不能与自然合二为一了。因为人类太聪明，技术太高明了，足以在很短的时间就能毁灭地球。因此现在的人已经从自然里分化出来，在很大程度上和自然已经对立。真正最好的和谐相处就是将自然与人之间设置一定的边界，在一定的时空关系上与自然划清界限。对于一些重

荒野景观 新西兰

要的生态领域，真正纯自然的东西，我们一定要保护下来，不要让人类去干扰。

即使在以人为主体的城市乡村等空间之内，也应该强调尊重自然的规律，不要做违反自然规律的事情。我们已经积累了很多有关自然的知识，还有很多我们不知道的东西。人对自然的认识是一个无穷无尽的过程，所以我们应该不断努力去学习，研究怎样遵循自然规律，尽量做到与自然和谐相处。

与自然和谐相处是我们说得多，做得少，基本无章可循、无法可依、无迹可寻的事。

我们怀揣美好的愿望，却不知道如何是好。实际上我们拥有了整个地球的自然，却在说我们只是地球自然中小小的一部分。无论是公有制还是私有制，全世界二百来个国家，拥有了地球上所有的陆地；很多富人拥有几千平方米的大房子，占有了富可敌国的财富。可是生活真的需要这么多空间和财富吗？人类其实不知道适可而止，贪婪是人的本性。看看人们对海洋的争夺，对海洋的污染，就不难预见不久的将来海洋也会被人类瓜分，更多的生物将会失去自己的家园。我们到底拿什么来证明人

类与自然和谐相处？我们怎么来保护所居住的地球——这个人类与其他生物的共同家园。

2. 风景园林的内涵与外延

在城市建设中出现的各种不正常现象，引起了很多人对环境、对城市病，以及多种社会、经济、教育、伦理等方面的担忧。风景园林近些年看似很潮的发展、实则一直在疲于应付各类工程的需要，并没有从根本上解决发展过程中出现的诸如生态文化、经济发展、生活品质等问题。究竟是什么使我们陷入重复犯错，华而不实的怪圈？我们常常以生态的名义破坏生态，以人民的名义干扰百姓的生活……我们创造了很高的GDP，可是怎样才能把经济上的繁荣转化为幸福感，造就一个和谐、安全、健康的社会？看来未来的路还很长，也很艰难。

由于历史的原因，风景园林一直是处在城市建设各行业的底层。规划在上，交通先行，建筑为主，经济优先，最后是风景打补丁。无论从思想观念上，还是服务对象上，风景园林都被局限在了城市中的小块绿色空间里：做自己的艺术，做自己的生态，做自己的文化。行业的核心内容是什么？与城市及土地、经济等其他行

沙漠　美国加州

森林　四川碧风峡

业是什么关系？这是摆在我们面前最基本的问题。如果我们还是局限在那些小块块的绿色空间里，那我们永远都不可能有所作为。因为这些绿色小块块完全受制于规划、建筑、工业和经济的固有思维模式。在那些小小的地块里，你精心创作的艺术被周边的道路碾压；被那些无趣的建筑映衬得无言以对；你想要做的"生态"都是些支离破碎的脏器，毫无生命气息；水流不通，风吹不进，大树靠吊瓶生活，小树未老先衰……文化自然也是空话。

（1）风景园林的空间领域

风景园林从以为生活居住配套的花园庭院逐渐走向街道公园，以及大的绿地系统；从单纯的休息娱乐空间到生态、环保以及大规模的旅游度假，早已不再局限于传统园林的范畴，而是囊括了土地上户外生活的全部，可谓包罗万象。当然话说起来容易，成行难。作为一个行业，我们该如何驾驭这样的广袤空间？

过去我们一直在"城市"这样一个范围内来思考风景园林的发展，现在看来已完全行不通。风景园林承担的社会责任和生态使命，是我们不得不以更宏观的视野

林原　新西兰

湖泊　俄罗斯贝加尔湖

道路景观　新西兰

山水　斯里兰卡

来界定这个行业。

为了解决城市的河流生态问题，我们必须突破城市区划的范围。从流域的整体思路上进行规划和治理；为了解决候鸟迁徙的问题，我们必须建立资源保护系统，构建生态廊道；为了解决雾霾问题，我们必须从区域经济及产业布局的角度来规划土地；为了创造和谐宜居的生活环境，以景观为主导的规划使城市与自然相融合，为我们提供了更好的、有机疏散城市空间的方法。"流域治水、区域治霾、有机疏散、景观引领"成为解决城市生态问题的有效手段。

风景园林应该关注从宏观上的国土资源的综合治理和国家风景体系的构建到微观上的庭园小院。简而言之，风景园林的行业价值在于合理高效地保护利用我们脚下的土地及更有效地整合自然资源，创造性地为人类的繁荣发展，建立可永续经营的生活空间。因此，风景园林行业在空间尺度上的总体定位应该包括：

a.国土风景资源保护与管理；

b.流域风景生态保护与修复；

c.城市风景系统的构建与场地设计。

由此可见，城市只是风景园林范围最小的一部分。风景园林的发展空间还非常大，在未来的城市发展和区域经济、国土资源保护方面还有太多的工作要做！

（2）风景园林的核心价值

如果简单地用几个字概括风景园林的核心价值，那就是"生态的栖居与生活的艺术"。这种核心价值应该体现在多种不同尺度的风景体系之中。

在自然资源保护和利用方面，风景园林具有其他行业不可替代的优势。发挥这种优势的潜在动力，使之服务于国家的经济建设、生态建设等各个领域也是未来行业发展的重要支柱与核心。留住一个国家、一个地区、一块场地的自然血脉对一个民族的文化传承和发展极其重要。

工程设施　湖北襄阳汉江三桥

对于国土景观资源的管理，风景园林的核心作用是对宏观空间的分析、保护与利用，并提出具有战略性的发展思路。作为国家层面的创造性行业，风景园林要为国家的经济布局、产业结构、资源保护、旅游休闲提供可持续发展的设计咨询服务。无论是国家公园体系的建立和发展，还是自然风景区旅游区的建设，包括我们目前倡导的"一带一路"建设，宏观产业布局都需要有风景园林的积极参与。

风景是冲破一切边界与障碍的力量，将自然与人文，将不同的民族、不同的国家、不同的宗教融为一体。在创造生活的同时，带动经济的发展和文化建设。

作为流域景观保护与治理的风景园林，其核心价值在于将土地、水流、动植物作为空间规划的主体，构建一个相对完整的生态体系，将城市、乡村、自然山林和湿地组织在一个流域空间结构中。水生态的综合治理是一个空间关系的问题，绝不可能依靠流域内的城市各自

为政，自行解决。只有打破行政区划的藩篱，从空间产业布局、流域结构、生态技术等方面入手，才能从根本上构建一个可持续经营的水生态文化体系。

作为城市风景系统与场地设计的风景园林是传统风景行业的主体。虽然也是面积最小的一部分，但由于与人的密切接触，其核心价值体现在日常的生活功能及精神家园的塑造上。这一部分风景以人造的居多。然而有效地解决城市的多种问题，是所有风景设计师必须面对的挑战。风景园林不仅要在传统意义上的一亩三分地里创造自己的艺术、人文、生态和生活，还必须更多地担负结合交通、建筑、规划以及其他的城市服务功能，将自然、文化、生活功能有机地联结起来。

（3）风景园林的外延

多少年来我们关注了自身的发展，而对怎样与其他行业的融合渗透所知甚少。常常抱怨别人不理解，我们自己也没走出去，请进来，从根本上建立与其他行业的交流渠道。风景建设的完善迫切需要社会的理解与支持。特别是与之密切相关的行业需要相互渗透，否则我们很难发挥协同合作的综合效益，使建设不留遗憾。

"风景园林的外延"是一个新的话题，其实质内容就是那些与土地开发建设相关的行业都应该以风景园林为专业基础。林业、旅游、建筑、规划、市政工程、水利水电、区域经济、环境艺术等等，都应以"风景资源的保护与利用"、"风景生态学"作为专业基础课来提高专业人员的修养。只有这样才能让风景价值意识延伸到与风景（土地）相关的领域，才可能有效地保护好风景资源，才有可能做好协同发展的工作。否则仅靠园林行业的努力根本无济于事。一条高速公路如果修得不合理，常常不是我们种些树，或者建几个公园就能弥补其带来的生态破坏和景观影响。一个水利设施的错误决定往往就是一场生态灾难！完全无视风景资源的城市规划

与建筑更是比比皆是。试想如果那些设计师、工程师们有过风景园林的教育背景，事态应会大大改观！

风景园林与建筑、规划的相互沟通已有些可喜的成就，但与道路、交通、水利、环保等其他方面的配合仍然有诸多方面需改进。

风景是艺术，是经济，是生活，是智慧，是信念，也是人类与自然和谐相处的纽带，其价值应该受到各界的认同和吸纳。风景生态的普及教育对于我们的建设事业的发展将会起到举足轻重，事半功倍的效果。

知识与价值观是构成各个行业互相交流合作的基础。如果缺乏这个基础就势必各自为政、各行其是。这是困扰我们几十年的风景与生态的核心问题。是下决心解决这个问题的时候了，也是改变风景行业命运的时候了。希望不负担当，不辱使命！

3. 对风景园林行业的反思

过去的几十年，风景园林行业花了很多金钱，费了很多精力，虽然有很多贡献，但也做了很多"无趣的"事情。

第一，我们过多地沉迷于各种所谓的"文化景观"而忽视对自然景观及其要素的保护和利用。特别是对于荒野，我们似乎存在审美方面的障碍。中国的文化里没有荒野，认为荒野杂乱且不美。我们乐于铲除荒野，建广场，修河堤，似乎只有如此才美。日积月累，自然景观就这样逐渐消失，取而代之的是无数重复、相似的所谓"文化景观"。失去了野性的自然，我们将不会再有"非人工"给我们带来的惊喜；失去了自然的指引，我们将永远找不到与自然相处的方式，更谈不上什么"天人合一"了。荒野也是地球家园的一部分。谁不呵护自己的家园呢？

每个地方的自然因素都承载了这个地方的资源禀赋和风土精神，都是我们对一个场地，一段历史，一个空间的记忆，都需要好好地保留下来。

第二，我们过去花费大量的人力物力在城市内部小尺度的景观上，而忽视对乡村，郊野，乃至更大范围的国土景观的关注。过去三十年是中国园林景观发展最快的三十年，主要体现在地产领域的蓬勃发展。地产的开发给我们带来了很多机会。然而今天许多人都不愿意做地产开发方面的设计，因为他们常常被逼无奈地做些虚假的人工景观。常常是为了迎合买房的市场需要，场地里很多有自然价值的风景都被推土机推掉，代之以各种吸引眼球的所谓"文化创意"。

第三，精细化的景观越来越受到设计师们的追捧，而大尺度的自然保护和规划得不到重视。小景观不是不重要，也不是说精细化的东西没价值，但如果把它作为行业的主流价值取向那就成了问题。那些精心制作的小喷泉、小水池仅为摆设，既无社会效益，也无生态功能；既不能治理污染，也不能防洪排涝，更解决不了产业、经济等基本问题。然而现实中人们还是愿意花大价钱去搞那些小品，而不愿在生态和环境治理上多花一分钱。

第四，因为理论和思想方法的陈旧，导致各种抄袭重复，套路流行。欧式、美式、日式、中式、新中式，等各种模式盛行，而少有创新和多元化的作品。一些设计师很少自问，什么是真正遵从内心的设计？真正的好设计不追求流行的形式与风格，因为设计的本质就是创新和寻找属于项目自身的定义和特色。艺术没有创新就什么都不是。设计师应该把自己的作品摆在大的景观系统之中，检验它对社会文化和生态效益的影响，这才是我们应该遵循的原则。

第五，文化景观的泛化是对自然的漠视。需要澄清的一个观点是：人和自然之间不能不设界限，如果不划清界限，人类的足迹将踏遍全球，损害所有的自然资源，占领所有可以占领的土地，让其他的生物无处安生。

我们追求的所谓文化日渐失去真实，变得矫揉造作。随着经济的发展，我们的心气渐高，变得越来越浮躁，越来越没有耐心，幻想着在瞬间造就一个童话般的世界！真实的文化不是一蹴而就，没有时间和岁月的沉淀很难雕琢出好的作品。

4. 未来的风景园林

如何看待风景园林的未来？前提是我们一定要站在建设者和守护者的双重立场上，站在人类和人以外的其他生物的立场上，协调人与人，人与自然之间的关系。因此，未来的风景园林在服务对象方面，既要为人类自己，也要为其他生物的栖息地和整体的生态系统服务。

在价值观方面，要确立正确的生态观和文化价值观，从多方面综合性考虑我们的土地应该怎样发展。生态是风景的本底，文化是实实在在的生活，不是虚假的表象。要将文化做到跟人的生活息息相关，而不是浮夸的包装，贴一些标签，做些表面文章。

我们近些年建造的东西片面地赋予文化内涵，失去了风景应该有的朴实和野性。一方面，这是源于对文化的过度重视，另一方面，对文化无克制的消费也使风景失去了自然该有的生命力。

在实践尺度方面，未来的风景园林要做到大至全球，小至庭院景观的全尺度。如果还是一味地局限于小尺度，而忽略大尺度及其宏观关系，我们就会失去整体效能，无法抓住那些真正能够对生态产生影响的大结构、大系统。

如果我们这个行业也全去关注自己的所谓小成果，不去关注国家景观、流域景观，以及城市公共空间体系，自然生态系统的大是大非问题，我们这个行业就很难有话语权，不可能对社会发展起到应有的作用。

当今世界经济已经全球化，政治的全球化也指日可待，风景生态的全球化一定是未来的发展方向。边界可以被打破，不要因为政治的界限而禁锢了思维的延续，限制了创造力的发展。一定要突破现有的限制，更多地关注风景的系统性和大尺度的风景结构关系，我们的行业才能有更广阔的发展空间和领域。

在功能方面，风景基础设施包括对自然资源的保护，以植物为主体的绿色基础设施和以水为主体的蓝色基础设施的建设以及对以建筑，道路，桥梁等灰色基础设施的协调及景观化，生态化。景观设计师必须有能力帮助工程师把道路做好，把雨水管理好，使之形成更生态、更和谐、更美丽的灰色基础设施。风景与规划、与设计的核心范畴是设计学、生态学、建筑学、环境工程学、植物学以及社会学等等。学科的外围应该辐射到产业经济，水利、水生态，及旅游，休闲，娱乐等领域。

通过生活空间和精神家园的建设，实现经济建设的繁荣和生态建设的完善。这是未来应该有的行业发展大框架。人和自然的关系应该划定为以自然资源保护为目的的自然保护区、生态保育地；以自然保护为主，人为参与为辅的国家公园、风景名胜区；以及以人为活动为主体的城市公园、社区绿地等等。我们既要划定人与自然的边界，同时也要有人与自然共生的复合空间。

以海口万绿园改造项目为例，这个公园原来是海口非常重要的滨海窗口。对它的改造主要集中解决两个问题，一是公园的主题形象，二是内湖和河流驳岸的生态景观化。尤其是已经被硬化的河岸如何软化的问题，成为改造项目的关键。水域的生态化是风景园林人常常会遇到的问题。因为过去常常是由水利部门主导，水域全都做成了硬质的驳岸。很多时候水利、水生态问题，并非只是工程技术层面问题，而更多的优化调整则需要通过空间规划设计才能解决。我们通过水下抛石的方法，创造了一条滨水种植带。这样驳岸软化的问题就迎刃

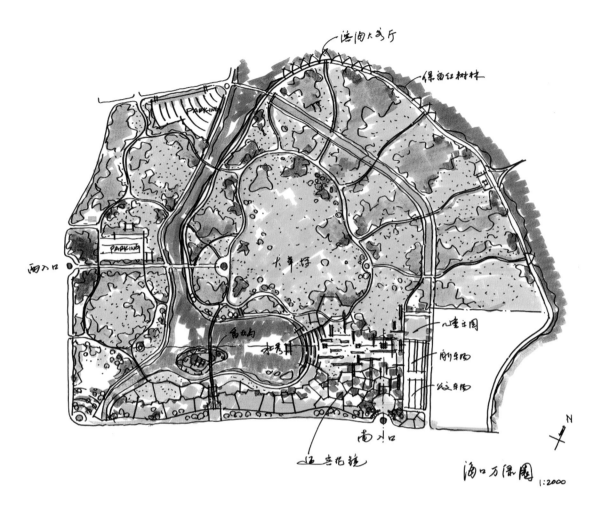

海口万绿园项目改造

而解。对于公园主题形象，海是公园最大的主题。希望
这个地方能够实现人们看海的愿望，让海洋景观主导这
个公园的形象。我们利用海边的椰林打开从园区中心通
向大海的多条廊道，以小船穿过椰林的创意形象，构成
了人们凭栏远眺大海的窗口。这样实现了公园与海的对
话，强化了公园的主题形象。

从空间规划上解决水利，水生态及水景观问题是
风景园林专业有所作为的领域。目前湖北仙桃城市排水
依赖在汉江边上设立的三个泵站，将雨水强排入汉江。
在梳理城市河道系统时，我们发现了一个非常重要的问
题，那就是南边大量的水系没有被利用。作为城市水系

的一部分，南边水系连通后完全可以自然排洪。因为雨
季汉江水位高，两岸的大堤既不生态，又耗费大量的财
力。发现这个问题以后，我们就改变了过去水利设计的
思路，利用南部自然湖泊，湿地，通过水系连通，构建
既可以留住雨水的湿地、湖泊等生态网络，同时兼具泄
洪道的功能。有了湿地和水域，随之而来的就是旅游休
闲娱乐产业的植入。这样为整个城市的经济转型提供了
条件。希望这个设计会给城市带来翻天覆地的变化。

解决城市的生态问题是时代赋予我们的重任，也是
我们面临的最大挑战。毫无疑问，未来的风景园林，对
于国家和社会经济建设将变得越来越重要。

海口万绿园项目改造

平时水位

| 驳岸种植 | 亲水木平台 | 种植池 | 车行道 |

1-1剖面图

海口万绿园项目改造

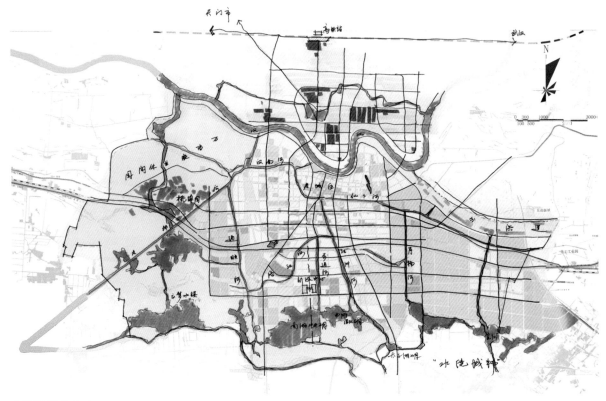

仙桃景观系统图 （一）

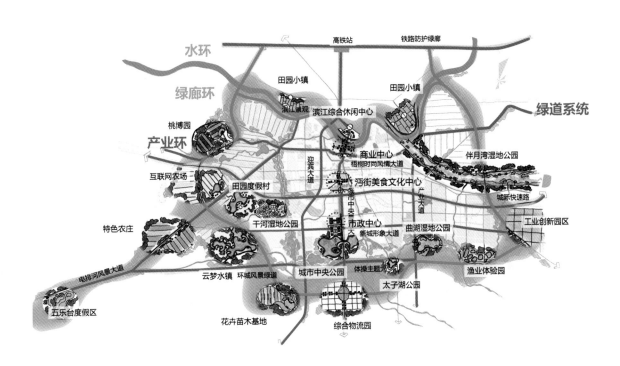

水环

绿廊环

产业环

桃博园

互联网农场

特色农庄

五乐台度假区

电排河风景大道

云梦水镇　环城风景绿道

花卉苗木基地

田园小镇

滨江景观　滨江综合休闲中心

田园度假村

干河湿地公园

田园小镇

绿道系统

伴月湾湿地公园

城际快速路

工业创新园区

商业中心

梧桐时尚风情大道

沔街美食文化中心

产业大道

市政中心

新城形象大道

曲湖湿地公园

渔业体验园

城市中央公园

体操主题

太子湖公园

综合物流园

迎宾大道

城市中央

仙桃景观系统（二）

风景构建城市的精神与品质

亲水的风景　新西兰

风景不只是点缀

一时间城市被搞得乌烟瘴气。新鲜的空气没了，清洁的水没了，好看的树木花草不见了。城市变成了水泥森林，死气沉沉，没有一丝活气。风景关系到城市的生活质量，关系到城市的生存和未来，也关系到我们每一个人的健康与生命。生态学的原理告诉我们，事物之间是相互依存、相互制约的。如果我们还是把风景看成是一些孤立的点缀，它就没有能力去改变一个城市的生态，也无法保证城市的发展能有一个良性循环的轨迹，城市的土地价值也得不到有效的保护和提升。只有风景才能统筹城市的交通、文化、产业、生活、经济等等，把一个城市建设成具有地方特色，鲜明的时代精神，同时创造优雅的生活，充满活力的经济实体。因此，风景是一个城市的生态基础，是一个城市的精神气质，是一个城市鲜活的生活内容。

有机规划理念将使城市变得更可亲近

新中国成立以来，受苏联影响，来规划我们的城市。我们一直在沿用计划经济主导下的城市绿地系统理念，在这一理念的导引下，风景仅是城市总体规划中的一个分项，一个附属设计，表现形式多是一些绿色廊道、公园、河道，以及它们的体量和服务半径。这样的理念在今天看来已经过时，因为它遗漏了城市中最需要关注的层面，即生态结构。缺乏一个通盘的城市风景系统。在城市的总体精神风貌上，没有体现活力，缺乏地方文化和自然特色。现在，经过岁月洗礼与升华的风景生态设计，已渗透到城市总体规划的每一步，这种有机的规划设计理念将使城市变得更可亲近。

有机规划理念将城市与自然相结合，在空间结构

过去我们对城市公共空间的要求就是周末有公园可以去逛逛、公路旁有行道树可以遮太阳。那时候的工业污染远没有现在这么严重，天空也没有这么灰暗，水也没有这么浑浊。穿行城市南北，步行半个小时。城内城外有水、有山，有花、有树，那时的人们对风景也就没有过多矫情的要求。看看如今的城市，到处是高楼、到处是车流、到处在盖房子。城市的发展就像鬼子进村一样，一个个端着枪，首先对着山体、河水、树木、历史遗迹开枪，好似只有干掉了风景才好盖楼。

乡村风景　意大利

展示景观　青岛园博会东方园林企业园透明玻璃盒子

上让自然进入到城市，让建筑、交通、水系与风景相融合，这是一种思想观念上的突破，同时也给风景在城市中的地位提供了有效保障，为城市生态、城市精神活力提供了实际可能性和可持续发展的空间。

中国的众多城市里有很多的历史文化名城，如丽江、凤凰、绍兴等等，都是以风景美丽闻名于世。好的城市景观无非是两个方面的内容：一是风土，即自然的山水资源；二是民情，即人文社会生活。保护和发展人文风景在城市中的延续是风景园林最重要的工作之一。

风景不只是城市公共空间的一些花花草草

英国的霍华德提出的"田园城市"理想曾经吸引了很多人的眼球，但最终没有真正得以实现。过去的很多年特别是第二次世界大战以后，美国人搞了很多的郊外社区（Sub Division），结果占用了太多的土地，也造就了人与人、社区与城市的隔离。后来的新城市主义（New Urbanism）试图把人们拉回到城市中来，构建一个更有活力的城市环境。然而霍华德的田园城市理想还一直都是人们向往的一种生活方式。他的核心理念"把城市与自然、与乡野田园有机结合起来"一直都没有过时。现在的城市规划越来越多地依托自然资源，把景观资源当作城市发展的基础结构，让我们的城市更加生态、更加美丽和充满活力。在这种意义上说风景不再是城市公共空间的一些花花草草，而是城市的骨架和精神气质。应该说这是对城市生活在认识上的一种升华，是我们当今城市发展的趋向。

风景设计渗透到总体规划的每一步

现在城市风景系统强调的是地域的自然禀赋和城市历史人文特色。实际上这一目标的方式是将风景、规

河谷景观　新西兰

划和建筑三者相结合，利用风景系统统筹城市发展。把自然和生态格局完美地融入到城市里面去，强化塑造其独一无二的风貌。比如宜昌，作为传统三峡旅游的临时落脚点，目前缺少真正吸引人的景点，留不住客人。你穿行于城市中，基本看不到长江两岸的山水对城市的影响。其实宜昌拥有非常好的景观资源，除了葛洲坝，还有长江两岸的风光及多条水系穿城而过，汇入长江，城市的规划建设一定要抓住长江风光带这个特色来打造宜昌。如果打造好了滨江风光带，将城市特色显露出来，就能吸引游客留下。这样，将带给城市巨大的效益，因为无论如何，"长江"比西湖更具知名度，也更有资源的特殊地位和禀赋。

此外，以前的绿地系统只考虑了绿色板块的功能，现在我们又加入了生态、雨水收集、通风、地理信息等内容。经过升华和转变的风景设计已经逐渐渗透入总体规划的每一个步骤中，这种有机的规划设计理念将让城市具有可持续发展空间，并与整个生态系统和谐统一。我们还需探索怎样让风景带动城市经济的发展，改善城市的生活品质，提高城市的竞争力，创造和谐的城市生活。

追求园林的民族化不应仅是贴上传统园林标签的简单方式

民族化最终目标是认识这个民族本身，认识它的文化、自然条件以及人们的生活需要，让园林和自然环境、城市环境相结合，从内在的关系上达到民族化，而不只是运用某一种肤浅的表象形式，更不是仿古和复古。

无论古今中外，一切历史的积淀都是我们今天的财富，都是今天的创作源泉，在这个基础上创造属于这个地方和人群的风景才是真正意义上的民族化、地方化和现代化。

城镇化与风景统筹

水杉林　湖北襄阳

　　新型城镇化的健康发展已经成为国家和地方政府部门的关注重点。何谓"新"？即不能穿着新鞋走老路，必须从理念上、方法上对于城镇化有一个更适合于当今社会需求的解读。过去的几十年，我国的城市化建设有了很大的发展，但应该说是问题和成绩一样突出。

　　在近些年的城市规划建设中，尽管国家投入了巨额的人力物力，聚集了全世界众多的优秀设计师来设计，但生态环境越来越糟糕的惨痛现实却不争地摆在我们面前。"深圳速度"在一定的时期也许是需要的，但纵观全世界城市发展的历史，特别是一些优质的城市的发展并不是以速度闻名于世。盲目的城市扩张，势必造成水、绿地、森林等自然资源的枯竭，使城市生活的质量越来越差。城市生命力最终走向死亡。

　　我们的风景建设一直处于支离破碎的状态，甚至有一些时候我们的所作所为不是在创造好风景，而是在破坏风景。城市化的结果是大量的风景生态资源消失，污染成灾。目前生态环境建设已经被纳入国家发展战略，这对于风景设计师而言不仅是挑战，更是责任。我们应该勇于承担时代赋予的责任；努力推动风景规划主导城

市建设，通过保留各地的乡土风貌，更合理利用自然资源，塑造城市的精神风貌，走出千城一面的困局。

风景统筹是什么

　　"风景统筹"是指由风景规划来整合一个项目的方方面面及设计过程。将风景设计理念融入规划、建筑、水利、市政等与城市建设相关领域。首先是对一个城市、一个区域自然资源的保护和利用提出原则性的主张并通过建立结构性的系统，使之服务于未来城市的发展和生态需要。其次是以风景渗透到城市建设的多个行业，将城市商业、居住等城市产业结合起来。根据场地的风景要求，来规划桥梁、道路、建筑等，实现规划设计更加合理、生态、美观，达到节约资源和保护生态的目的。在提升商业和土地开发的价值的同时，风景统筹能够实现城市土地效益的最大化，自然资源也会更容易得到保护。风景园林在城市生态领域里是最具有协调能力的专业。所以我们不光要做好自己的公园、绿道等绿色系统，保护好自然资源，还应该协调其他行业，服务

珍贵的原生态山水资源　湖南益阳

于城市生态。实际上通过风景来统筹城市能够达到保护城市自然结构的目的。同时人工结构也能最大程度地与自然结构相结合，构成一个良性互补关系，形成新的生态平衡体系。

为什么要提风景统筹

虽说近一二十年我们的城市迅速发展了，但城市的生态问题却日益严重，地下水污染、垃圾围城、洪水泛滥，连人们生活安全都得不到保障，城市形象更是无从谈起……对于当前各地城市建设的乱局，规划难辞其咎！

我们知道设计在城市环境建设中的重要性不言而喻。风景是个大的范畴，既有城市的自然资源，如湿地、河流、山林，也有人工资源，如建筑、道路、桥梁、灯光等等。风景可以延伸到各个部门，可以统筹园林绿化、交通、水利等各领域。每个城市可资利用的资源不同，因而也就有着不同的特色。用风景规划来主导城市建设，来创造城市文化，更多地将城市的风土人

情、城市的优秀资源整合利用；一方面避免破坏和占用太多资源，让城市原有的风貌得到更好的保护和利用，可以有效避免千城一面的惨状；另一方面解决城市的风貌、交通、水污染，甚至空气污染问题。整体性景观结构在城市中的作用直接影响城市的生态、气质和生活质量。如果用这样的思路来建设城市，可以用较少的钱把事做好，因为这样做不仅是尊重和保护了当地原有的资源，而且体现了地方特色和资源的优化配置。

决策者在操作一个项目的时候，应该考虑风景观先行。即使是建筑、桥梁、水利的项目也要有风景设计师参与其中，才能更好地利用资源，让效益多元化、最大化。当然风景设计师也要掌握规划、建筑、桥梁、水利方面的专业知识，才能够全面统筹，综合平衡，发挥专业的长处。所以两方面要互相学习和贯通。风景设计师掌握的关于城市的山水、生态、自然资源的知识要在具体的项目设计中发挥作用，帮助城市规划师、建筑师、水利工程师、市政工程师作出正确的决策。

目前，设计的生态化也日趋成为风景设计行业关注的热点。要打造一个城市的生态系统，最重要的是要

河堤风景 缅甸

让风景融入城市规划、水利、交通、建筑等各项规划设计，根据场地的景观要求实现规划合理化、美观化，同时实现节约资源、保护生态的目的。

回忆起20世纪90年代初的北京，那时三环外还是乡村，中国人民大学、北京大学路边的行道树是高大挺拔的毛白杨，可现在五环以内都已高楼林立，城市的景观都被这种摊大饼的模式摊没了。作为城市绿肺的湿地被侵占，城市的环境问题、道路拥堵问题日益严重。尽管北京在大力建公园，建绿带，实施百万亩平原造林项目，但绿化率提升几个百分点也很难改善北京的环境。因为生态结构的消失，水流不畅、通风不畅、交通不畅，必然引致生态的窒息。北京在一环环外扩道路，车都堵在环路上，缺少穿越城市的快速通道，而环路上的连廊又少，20公里的路开车要一个半小时很平常。如此这般的交通拥堵必然加剧城市的环境污染。实际上，如果以景观主导的思路考虑北京的城市建设，可以把北京的交通问题和城市绿廊建设相结合，把雨洪管理与湿地、绿廊、防护林带结合起来，把北面的山体、水系以及南面的水体连起来，形成一条条绿色通廊，同时也是交通的绿色通道。虽然做这样的事情难度很大，但不是

不可以做，也不是做不到。现在城市的问题很多是因为缺乏有机统筹。大家各做各的，互不相干，事倍功半。风景园林学科恰恰是一个可以统筹各个专业的学科。问题是我们要跳出思维惯性，不能固步自封，应该承担起主导一个城市生态和生活空间的责任。

风景统筹是整体的设计

就城市化的发展而言，人类社会这几十年的发展比过去几千年的发展速度要快很多。资源消耗和占有变得越来越快。很多情况下，当我们还没有反应过来，资源已毁于一旦。我们不得不开始反思，怎样做出好的项目，尽量少的破坏资源或者说尽可能有效地利用资源？我们的目标是使资源能够得到长效的使用，为人类的生活服务，而不能因为我们这一代人的高速发展，让下一代人没有可利用的资源。风景统筹就是从整体性、延续性和资源的节约利用几个角度来做事情，而不仅是满足一时一事的需要。

风景设计师在设计中要实现真正的风景统筹，不论是做大区域的城市规划还是做小区的场地设计，都要考

大溪地社区秋景　沈阳

林中道路风景　旧金山

风景中的人　新西兰

村落风景　俄罗斯西伯利亚

月亮湾湿地公园　湖北襄阳

虑整体的环境和生态效益。这是基本的原则。从宏观的角度来看，城市里任何一个细胞都跟整体相关联，绝对不是孤立的。任何一个项目也不是孤立的，因而整体性的原则必须遵守。在项目具体操作层面，要让项目的功能相互照应，生态与生活相融，节约与管理相通。在同一个场景里，道路、建筑、用地、产业、灯光等等都应该相互呼应才能称得上完整的风景。

风景统筹要以生态为本，关注经济性、实用性和社会性

"以人为本"这一理念的基本出发点是人类为自己服务。但是把人类放到整个生物链和生态系统来考虑，就不能"以人为本"而是要"以生态和谐为本"。人类、动植物与大自然是一体的，共同生存在这个地球上。只有大的系统安全了，人类才有可能过上安全的生活。作为现代城市生活必不可少的风景，其涉及的领域在不断扩大。如果相信风景就是人类生存的户外空间，那么，空气、水域、土壤、食品安全等都与风景设计相

关。我们面对的是一个动态循环的、整体的系统工程。这一命题涉及人类怎么样对待大的生态和个体需求，以及对于人与动植物的相关性的理解。

以传统规划为导向的城市建设与景观统筹存在质的差别。过去的城市规划基本都是以经济利益为导向。将产业结构、土地开发作为城市发展的最基本核心。在这个基础之上，河流是以防洪为目标；道路是以交通流量为依据；绿地只是平衡绿化率；公园只按服务半径来分布……通篇一本城市规划原理，只有"实现人工与自然完美结合"几个字。到底怎么实现人工与自然的完美结合？怎么样才算是人工与自然的完美结合？留给人的只是一个空虚的念想。城市就这么一个个被"规划"践踏了。

以风景主导城市规划的思想根植于当今社会对生态的渴求，也是对过去那些无视自然资源的保护，以牺牲环境而获得经济利益的做法的反思。正确认识城市的整体性和自然资源的关系，使我们更清楚地看到风景在城市中的作用远远不是一个绿地指标问题。城市的活力来自于经济的发展，然而一个可持续的经济离不开对自然资源整合利用，只有现实合理的资源保护和产业布局，

桥梁 新西兰

土地的价值才能得到有效的保护。

城市的精神风貌在很大程度上是由风景决定的。建筑也许在某些节点起关键性作用，然而具体到一条城市河流对城市的影响，一条生态廊道、一个公园对城市生态和生活空间的影响，就不是一栋建筑可以比拟的。风景主导着城市户外生活的方方面面，从街道形象到社区和谐的邻里关系，无疑都有风景的作用。

风景与交通的结合使我们看到了更美的线性空间；风景与建筑的结合使我们看到更具生命力的生活容器；风景与桥梁、与河道水利工程的结合，使我们终于从单一的防洪里解放出来，使之成为城市风景不可分割的一部分。这就是风景统筹的优势所在，也是我们城市未来的希望。

以前，城市不考虑雨水，也不一定会有内涝，因为城市很小，但是现在的情况不同了，城市面积成倍地扩展，大量的土地水景被破坏。这么大的系统，还不考虑雨水收集和雨水循环等问题，城市的地下水就会消失殆尽；土壤就会受到污染，暴雨来了就出现内涝。过去我们也讲生态，但是生态问题在过去没有现在这么严峻。风景设计不只是要考虑美观，更要讲究生态性、实用性

和社会性。风景的生态功能越来越受人关注。社会对设计师的要求也越来越高。设计师要具备多方面的专业知识，把生态的事情做好，把更经济、更体现商业效益的东西融入设计的过程中。

实现风景主导，关键在行动

古人云："食必常饱，进而求精；衣必常暖，进而求丽。"从时代的发展看，人们越来越认同风景设计师的作用。现在城市的环境问题日益突出，使得这个专业的重要性和热度日益攀升，而且越往后会更加重要。风景主导城市建设的说法不是空穴来风，但现在的风景设计师们准备好了吗？

正因为风景是个大的范畴一样，要做好一个优秀的风景设计师需要掌握多方面的知识和技能，这不仅需要我们的教育改革，更需要风景设计师提高自身能力，需要全行业人员素质的提高。风景设计有四个方面的要求：一是功能性，二是美观性，三是生态性，四是文化性，设计才会以场景引起心灵的共鸣，做到这几点，不

月亮湾湿地公园　湖北襄阳

月亮湾湿地公园　湖北襄阳

实景图

概念来源　漪

仅需要风景设计师个人的修养，还在于制度的保障。急功近利的发展模式、打补丁的运作机制是不利于行业发展，也无法承担整体的生态建设职能。

任何一个项目，风景设计师是不是提前介入，对项目的品质和功能的影响是绝对不同的。湖州的南太湖就是一个风景为主导的成功案例。原有水域的鱼塘、码头，场地的原生树种都尽可能作为特色资源在规划阶段就被保留和利用。在此基础上再引入新的人工元素，并使之与自然生态融合，打造出了一个"天蓝、水清、地绿、景美"的太湖南岸旅游度假胜地。良好的生态环境有助于商业上的成功，更把对南太湖的生态保护和利用推向深入。反观当前各地都在大力开展的通道绿化，

向高速公路或者省道两侧延伸50-100m，路边那么丰富多样的风土人情用这个模式抹平了所有的差别，反而是那些未做绿化的道路可以让人们沿路可以欣赏到更多风景。如果在做这些道路规划时，确立了风景主导的理念，沿途的特色景物就不会被一成不变的绿带所掩盖。

推动城市建设向更生态、更和谐的方向发展是风景设计师的责任。因此不断地自我武装、自我提高、自我完善是每个优秀风景设计师一生的必修课。风景设计师可发挥作用的领域越来越多，也越来越具挑战性。实现景观统筹，形成多行业合作的工作局势，就是一个美好未来的开端。

喜来登酒店入口前区景观设计　浙江湖州

特色城镇的发展优势

城市河流 意大利

中国的城市化建设在过去三十多年改革开放进程中，基本是以中心城市为驱动的方式实现。除了北上广深，后起之秀如重庆、成都、武汉、沈阳、青岛、郑州、杭州、南京、厦门等等，都是沿着同一种发展模式，那就是政治，经济，文化资源为核心，以地产经济为主要推手，形成巨大的人口聚集群。大城市化的综合效益显而易见，然而也催生出了诸多的大城市病，如交通拥堵、环境质量下降、人情淡漠等等。

大都市显著的特点是对自然生态及风景资源的漠视。以金融、政治、地产为核心动力的城市化过程对自然资源的碾压显而易见。人们也许会用各种理由粉饰，或感叹或表示无赖。不争的事实是城市变得千篇一律，成了24小时高效运转的生活机器。

随着我国经济逐步由一产、二产向第三产业转型，特色中小城镇发展的资源优势开始凸显。可以想象未来的中国城市化的主流将转移到以"特色城镇"为驱动力的发展方向。城镇蕴含着巨大的发展潜能；在自然资源、文化历史、产业创新、规划创新等许多方面都具有后发优势。

首先，良好的自然生态条件，水资源、森林资源、风景条件优越，为生态宜居城市、旅游休闲城市、风景观光、度假城市等的建设提供了条件。

大城市不仅生活成本居高不下，房价疯涨，交通拥堵，环境恶化，在社会文化人际关系等方面的问题也日益显现。当全国的白领都争相涌进大都市，人均下来的机会就变得更加微乎其微。越来越多的人对于蜗居在大都市究竟为了什么，常常感到迷茫。大城市纵然再繁华与奢靡，与大多数人的日常生活又有多大的联系？有些人奋斗一生都很难在市区买房安生。近几年越来越多的都市年轻人选择乡村，在那里工作，自己种菜，环保生活两不误。在压力相对较小的中小型城镇发展反而成了明智的选择。

千户苗寨　贵州

　　过去的发展滞后使得一些小城市的自然资源和风景得以保存下来。不俗的自然山水给一个地方注入了特殊的灵气。这将是城市特色和生态宜居及产业发展的原动力。特别是在旅游、休闲、娱乐、健康等产业方面举足轻重。

　　其次，小地方有小地方的乐趣与情怀。很多的中小城市，地方历史文化特色明显。

　　许多民族手工艺、民间建筑、民族语言、风俗习惯、传统手艺和民族音乐都扎根于中小型城镇，甚至是乡土村落中。这些是最具地方特色和民族精神的艺术。突出和保护地方文化特色，发掘和弘扬地方传统文化，对它们有效地进行"活的保护"，是我们建设现代化新型城市的精神基础，也是中小城市未来发展的独特个性和产业优势所在。特别是在当今的科技大繁荣时代，我们可以同时通过互联网资源，吸引更多的人来参观与研究，与大城市形成有效联动，甚至成为文化传播中心。随之改善地方基础设施和人居环境，改善当地百姓生活，形成良性循环。

　　不可否认，在中国当今社会，政策资源对于一个城市的发展至关重要。从过去的一些经济特区建设经验就可见一斑。给予城镇相对灵活宽松的政策就能充分调动地方的积极性，推动各项经济建设的开展。除此之外，我们可以通过加强中央派出机构、省级派出机构等各类机构强化地方的联系和资源共享。同时灵活性的政策能有效地满足特色城市的不同需求。如果我们真的足够重视，就会让灵活多变的改革优势成为地方经济发展的动力，而不是障碍。如今交通问题已不再是制约中小城市发展的主导因素。特别是互联网的普及已大大缩小了人与人之间的距离。

　　另外，城镇的规模可控，还有机会规避大城市病，如水资源匮乏，交通拥堵，热岛效应，通风不畅等等。在产业布局及规划理念方面创新大有潜力可挖。

　　城镇的建设应因地制宜地发展与生态环境及资源特色相匹配的产业。有了好的产业才能有足够的经济能力来促进城市生态建设，构建合理的基础设施，并与周边的中心城市形成互动。所有的这一切都依赖于人才的引进和培养，因此要创造适合地方人才培养机制，引进大学资源，使之成为地方发展的动力源。

黎巴嫩设计师Huda Baroudi、Maria Hibri探访南通蓝印花布技艺

加州是美国西部大开发的主战场，除了淘金热，最令人激动的是农业、休闲、旅游及娱乐业的大发展，为西部经济奠定了一个良好的经济基础。值得一提的是，经济的繁荣得益于人才的培养。加州大学的模式大大有别于美国其他各州。它不是一个集中的大校区，而是由十个分校组成，如加大伯克利，加大洛杉矶，加大旧金山，加大尔湾等等。多个分校几乎遍布加州各个中小城镇。各分校都有自己的特色，从而有效地解决了各地人才需要的问题。我们从中可以得到什么启示呢？最紧要的就是分解大学资源，使之成为地方发展的动力源。应该鼓励中国的名校，包括一些省内的名校去其他小地方办分校为地方经济和城市发展做贡献。办学也要构建适合于各地的人才培养体系，使之高效地服务于地方的发展需求，更好地解决当地就业问题。这对于社会安定，降低人力成本，文化生活多元化都有着不可估量的促进作

用。不要一味地抱怨京沪人口过于集中，如果这些优质资源不转化，怎么可能化解大城市的困局且满足小城市的需求呢？

再进一步说，城市的规模绝不是越大越好。适度的规模，并与地方资源相匹配才是城市品质的关键。无论从基础设施、产业布局，还是生态保护、经济管理上都要做到因地制宜，可持续发展，突出特色才是城镇的竞争力。

现代社会的物流与科教发展使得地方有条件形成与其资源相关的经济发展模式。大都市虽占据一些资源优势，竞争成本同时加剧，对一些初创企业来说，这里绝非最佳。特别是在互联网高速发展的当今，地域时空的界限在迅速弱化，有了网络照样可以辐射全国。如果选择在中小城镇落户创业，在节约成本精打细算的同时，还能尽快实现盈利目标。建厂和投资节约下来的成本可

音乐家朱哲琴与民族歌乐师

以有效地用于宣传和招商。有些经济较不发达的地区，对于投资者还有大幅度的优惠政策。这对于创业者来说是更好的财富机会与选择。

因此，特色城镇建设应该成为未来中国城镇化发展的重点，一方面可以帮助疏解大城市的人口压力，改变我国的城市同质化的不良现象，同时为多样化的城市文化建设，提升人民生活品质起到积极的作用。

特色城镇应朝着多元化、个性化方向发展。我们要打破局限在大城市发展的顽固思维，为未来的城市化发展创造更加丰富多彩的发展前景。大城市其实也在逐步将人口疏导到周边的小城市，拿北京为例，从周边城市，如河北的固安、廊坊、保定等城镇的房价走势就能看出人口从大城市向小城镇的延伸速度与幅度。换句话说，大城市在发展的同时也为小城市提供了机会。人们不用拥挤在大都市就可以享受到相对公平的资源和文化生活。在这个双向过程中，大中小城市共同发展，而人口密度和生活压力都会随之降低，这何尝不是一个更有机和谐的发展道路。

在当今社会对环境质量的关注和对生态宜居的强烈需求下，我们毫无疑问要把目光投向那些具有非凡潜质的城镇。城市的规模化发展走过了几十年黄金时代，今天是到了品质型、特色型城市发展时期。无论在产业上，在资源的保护和利用上，城市生活的多样化方面都有着很多的机会摆在我们面前：期待各具特色的城镇将会引领下一轮中国城市化建设的大局。在这一过程中懂得巧妙地保护和利用自然资源是创造特色城市的关键。而风景园林在这个过程中完全有理由发挥主力军作用，创造出属于地方的、具有本土文化的、各具优势的城镇空间和城镇生活。

理想的城市与乡村

生态城乡　长沙梅西湖

由于城市发展速度非常快，而且规模也在不断地向外扩张，一时间大量的新城在我们的城市周边涌现。虽然目前我国的城市化率为50％左右，相对发达国家来说并不是很大，但我国作为人口大国，相对基数也较大。乡村人口大量地涌入城市，随之城市规模也就出现了成倍的扩张。目前的现实状况是我们的城市已不堪重负。我国北方的大多数城市都面临着森林及水资源匮乏的问题，且缺少相关农业、旅游休闲等服务设施的配套，城市生活如同一座座水泥森林，没有活力，没有情趣更谈不上生态。那么究竟该怎样解决中国农村人口的生活问题及城乡统筹和谐发展呢？

中国的城市通常在中心区以商业、行政及居住为主，而工业都在城乡结合部或在新的工业园区。大量的污染直接进入农业、蔬菜用地，这是一种威胁食品安全的布局。每一个城市都应该考虑设置城郊保护林带，一方面可以保护、隔离周边的农业。另一方面可成为工业区的防护林带，对于城市的降温、防尘等，可以起到一定的作用。

就我国目前的城市状况而言，工业生产仍然是经济的一个非常重要的组成部分。城市土地、水体及空气污染都是历史上最严重的时期。把农业请进城市，以农业"景观"为城市建设戴帽、穿衣，并不适宜。我国的食品安全问题也已经到了让人痛心的地步，用城市的土地种粮食，恐怕只能是雪上加霜。对于"都市农业"、"空中菜园"等一系列做法，要因地制宜，不能一概而论。在当今这样的重污染前提下都不健康，不符合我国大多数地区的现状条件；一方面城市的土壤和水体不适合农业种植；另一方面农业生产所带来的污染也不适合城市高密度人群的生存。我们的农业不单是不要与城市靠近，而且还要进行隔离，特别是应该远离城乡结合部的重污染区才对。因为空气污染，土壤污染，在城市里面生长任何与食品有关的东西都存在着相当大的风险。

一、城乡互动的基础

近年来，大量无法进城的污染型企业都转向了农村。在农田中建设污染型工厂，已经成为一种普遍现象。在很多地方出现的农业与工业混搭的所谓"多种经营"实际上是不可取的，工业与农业的交叉污染已严重地危及了我们的粮食安全。

生态农庄　湖州长兴

生态是城市和乡村建设未来的共同发展方向。城郊休闲带的设置也变得越来越重要。乡村在空间上和功能上的提升可以成为城市生活品质的有机组成部分。让城市里的孩子有更多的机会亲近田园，领略自然，体验生活的快乐；让更多的老人回归自然与田园，体验生态生活的欢悦，正是当今社会所需要的生活。

生态是美丽乡村建设的灵魂，生态产业是美丽乡村的特色和优势所在。新农村建设需要将产业开发利用与生态环境保护、乡村文化、历史传承充分结合起来。"城镇型新农村"不要搭成不土不洋、不伦不类的花架子，而要真正做到既方便农民的生产生活，又可彰显乡村的特质与魅力。如果将新农村建设弄成房地产开发，以牺牲现有生态环境作为致富的代价，那就得不偿失了。

就整个国土资源而言，我们首先就要统筹规划出哪些是农业生产的保护区、哪些地方不适合农业生产。这就需要国家有宏观调控的总体思路，并与市场化的经济运作相结合。我们已经脱离了靠天吃饭的时代，但适宜的自然生态条件仍然是农业发展的基础。

二、农业的发展前景

从农业文明发展到工业文明，再从今天的科技文明至生态文明，一切都在发生着不可逆转的变化。让农业产业现代化与生态农耕文化建设相结合，良性互动，需要对城乡生态一体化的布局进行综合的协调与改进。发现改革中存在的问题并提出参考建议和发展策略，合理挖掘乡村独有的资源，通过城乡整体的统筹、规划和管理有效解决新农村建设过程中的实际问题。推进新农村建设还需把广大农民群众的根本利益作为出发点和落脚点，综合提高农村生产活力和农民收入，缩小城乡差距，并最终实现城乡一体化与生态环境保护相融合的理想模式。

农业发展存在的问题不能仅靠风景园林师去改善，更重要的是通过政府及社会的高度关切，大家共同努力，想方设法为农民谋利益。新农村建设必须处理好生产建设中的政策问题、土地所有权问题和城乡关系等一系列难题，并给出一些实际的思考和解决建议。

毫无疑问，城市化给社会带来了更多经济利益和发展机会。中国农业正在经历一场历史巨变，传统农业正在这场历史巨变中逐渐走向灭亡。未来几十年，随着农业人口的大规模减少，我们将看到无数村庄的消失，古老的农业文明正经受着历史上最为严峻的考验！

在国家的宏观调控下，我们需要重组国家的农业经济区，将农业的细分与经济结构、地域开发、景观生态的优势相结合。不是所有地方都适合搞"多种经营"或"粮食自保"，特别是在一些重工业区、生态敏感区，就不适合搞农业；而一些重要的农业粮食产区也不要想方设法搞多种经营和工业化发展。比如在鄂西生态文化旅游圈的十堰搞汽车产业就不是很合适，而在大东北的一些工业基地搞都市农业同样不相宜。当然农业也应重视资源的配置，发挥一产、二产、三产的联动作用，协调与其他类型经济区的关系，构建相应的区域综合经济优势。

农业补贴为国家保护本土粮食安全的战略举措。耕地是我国最为宝贵的资源。可农民并不能在自家的一亩三分地生存下去，造成大量劳动力的流出，同时也造成大量的耕地荒废。由于劳动力老年化、粗放化的耕作，让农民对依靠农业致富感到无望。对农户来说，政府补贴并没有起到积极的激励作用：一方面多种补贴流于形式，另一方面农民不得不依靠政府，从而失去了市场运作能力，失去了定价权。由此引发的一系列粮食安全问题应引起国家的高度关注。

多年以前，ABC记者John Stossel在"Give me a break"栏目里有一段与时任印度总理关于印度贫困化的对话，对我们很有启发性。当印度总理大肆炫耀他的政府对贫民的关心和福利时，John Stossel则反问道，"你们政府的这种做法实际上使这些贫民继续贫困下去，让他们依赖政府，所以你才能得到他们的支持和拥护，而不是真为他们着想解决他们的问题，让他们自强起来、走出贫困。"由此来看，农村要摆脱贫困，关键在于

"造血"功能。

农民是农业的主体。全面提升他们的素质是强农、富农、统筹城乡经济社会发展的重要途径。我高中毕业之后下乡当过几年农民，自认对于农业有了些认识，当然与真正的农民相比还是差距很大的。不过就我所知，传统农业指的是一种生产方式，也就是在土地里播种、耕作及收获的全过程。这在一定程度上是靠天吃饭的生产方式，收获的多少受自然条件的影响较大。现代农业始于科学研究，是工厂化、规模化的农业生产模式。因为组织培养无土栽培等技术的应用，为农业产品的工厂化生产创造了条件。农业开始脱离自然的土地的局限，由人工控制光、水、养分等流程。为农业的规模化生产，防虫抗灾提供了条件。

农业现代化，依靠科技是必经之路。在城市化发展的同时，我们也应更多地关注农业现代化的发展。通过实现农业科技化必将成为区域农业增效和农民增收的有效途径。目前比较可行的是发展光伏农业大棚。它是集太阳能光伏发电、智能温控系统、现代高科技种植为一体的温室大棚。太阳能发电不仅可以支持大棚植物的灌溉、温控、补光等功能，而且在满足大棚用电需求的基础上，还可满足农民的生活需要。光伏农业建设还可以灵活创造适宜不同农作物生长的环境，为发展绿色有机农业、观光农业等特色化、规模化产业找到了新路径。

生态农业指的是以生态理念指导下的农业生产。虽然各国的指标不同，但共同的特点是非人工干预的农业生产，如不使用化肥、农药或其他的化学添加剂的生产体系。生态农业的提法非常流行，然而并非易事。生态农业的核心是无公害，它是比传统农业更严格的一种耕作方式，要求的是洁净的土壤，所有的食品生产环节都不能有污染物的侵入。

牧场风光 新疆昭苏

三、城乡结合的途径

作为一个风景规划师应该关心今天的农业与城市的关系。城乡统筹不是什么新概念，从"田园城市"到"景观都市主义"，其实都是同一个话题，那就是把自然和田园风景与城市结合起来。构建一种相互和谐的生活方式。城乡统筹的核心意义在于实现城市与乡村在经济、文化及社会发展等方面的同步和互补。城市所不具备的功能可以由乡村来补充，乡村所缺少的可以在城市里得到。从理念上看，这是一种合理的发展模式。

消除城乡隔离，让全体社会成员公平共享社会福利和文明发展成果，是城乡结合的基本条件。农民工进城打工并不成为提高生活质量的唯一出路。乡村建设的改善也急需各类人才，特别是来自农村的优秀实践型带头人。有了相应的技术人才，我们才谈得上与农业电商、

创意农业、宣导政策等兴农模式有机融合，良性互动。外来人才如果不了解农民、不熟悉农业就很难提出利于乡村发展的新举措、新思路，所以"农村能人"是强农的根本。农业发展的领头人不光生于农村，长于农村，深知农业，还需具备创业、营销、技术等多种能力和才德，是乡村新知识和新技术的先行者和传播者。由此来看，教育是农业发展的动力，培养未来农业发展所需人才，须两者兼顾，才是乡村现代化建设发展的关键所在。

当下我们的农村不光需要产品的升级，更需要人才的升级。台湾设计师王维祥曾经讲述过一个有趣的现象。在台湾地区，如果没有农学学士学位是不能在农村买地，并从事农场经营。只有通过农学专业的教育，拿到学位才可获得当农民的资格。农业作为一种中华文明得以传承，更应作为一种景观资源予以保护，因为农业的发展关系到城市的发展，也关系到国家的未来。

四、重构乡村生活

保护农业景观，就要留住农民以及农民的生活方式，改善、提高农村的公共服务现状。从全球的发展状况来看，可供参考的发达国家的经验有很多。我们在规避相应弊端的同时，应根据中国自身的历史文化、自然条件及国家体制等方面的因素，找到适合我们自己的乡村建设的发展出路。

重构农村生活、重拾农村文化是农业文明的发展走向。村落的功能内容决定了村民的生活品质。湖南的茶陵县，地处井冈山东麓，现在还是十足的乡野农村。那个地方曾经出了不少人才：4位宰相、127位进士、25位共和国将军和30多位国民党将军。很有意思的是这个地方过去是由宗族治理的，每个地方的主体机构是祠堂，族人一起讨论大事。大家可以想一想，那是怎样的一种文化，那样的农村又是怎样的农村！中华文化的根基是在农村，那是几千年来我们的祖先世世代代与自然相处所留下来的宝贵方式。而今天的农村已经没有那种文化的基因，我们能否恢复乡绅文化和祠堂结构，让农民相互尊重，有礼有节，和谐相处?让那些从村里走出去的人都有归属感，找得到根基，记得住乡愁，就显得尤为重要！

把精力放在了建新城区，往往忽略了我们的老城区和新的已建城区。这些区域里还有太多的问题要解决，如城市生态设施的建设，文化艺术品位的提升等等。老城区改造与新城区开发已成为城市结构变化的两个重要动因。城市的发展应该是对其功能、环境等不断完善与更新的过程，不应该是一味地建设新城。城市的扩展应该保持在一定的范围；以自然资源为基础，根据该区域的自然资源属性、环境承载能力、市场需求、区域功能等进行建设和管理。只有充分发挥该区域的优势条件，才能为提高城市的生活品质发挥出最大作用。另

一方面，城市规模的不断扩张，对资源所造成的破坏是无法用金钱来衡量的，也无法通过人力再进行恢复。衡量城市发展的指标并不是规模的大小，而是城市生活的质量。加强城市的优化、更新、改造及旧城区的保护、维护与改善等，才有利于实现规模的逐步扩大和生活质量的逐步提高。这些方面的工作，我们以前做得不够。不断大力开发新城，而建好的新城又缺乏维护和管理，不具备新城所应有的人口、购买力等，出现了一堆"鬼城"，因而失去了新城镇化建设的真正意义。

近几十年的城市化给我们的教训是到处都在大拆大建，拆了旧的建新的，拆了矮的建高的，拆了土的建洋的。所有的城市都因此变得千篇一律，文化、生活、历史被彻底颠覆。特别值得一提的是，过去损坏了不少生态的人现在摇身一变成了乡村规划的专家。我们的乡村同样也面临着新一轮被包装、被出卖、被瓜分、被糟蹋的境地。对于人文历史价值丰厚的古村落，我们应该实行一定的政策扶持和经济帮助。通过全国范围内的普查，确立古村落的保护条例。这个工作已经滞后了很多年，如果不实施严格的法律保护及有效的管理，可以预见几十年后中国将难见原生态古村落。对于村落的保护，除了国家需要有专项资金，还要划定专门的保护区并建立专门的管理机制。

新农村建设要有立足于本土自然条件、当地的风俗和生活习惯，有效地创造出既有历史传承又有创新风貌的村落设计，体现新农村生活的时代感。在没有搞清楚农业未来的发展方向之前，任何规划都是不靠谱的，甚至是不负责任的。如果农业的未来不再是小规模的家庭式经营，那我们该怎么规划村落？而传统的村落又怎样适应未来新型产业化的需要？实际上农村真的不要"城市化"和"艺术化"。我们的农村真正需要的是平等、权益和实实在在的生活，有先进的基础生活设施，让农

人工湖　浙江武义

民能够积极生产，同时吸引原籍精英重回家乡。对村落的规划重点在于对产业的未来有充分的认识。对老城区的保护与改善同样如此。只有研究清楚了产业的发展结构才会知道相应的社会结构。在此基础上的规划才是可行的。

如果我们把乡村建设的目标定位在确确凿凿为农民和农业产业发展谋福利上，相信一切都会大有改善。城乡互动的机会也会增多，如食品、酒类的生产制作和生产、生活工具的使用及手艺传承，如竹编、纺织与陶艺等等，都会成为城乡文化交流的载体。城市的文化功能也可以转化到农村，如举办传统文化节的纪念活动、健康养生保健和各类民俗活动等等。城市与农村的协同发展，不是发展城市，消灭农村。我国在城镇化发展的同时，应更多地关注农村现代化的发展。

城镇化发展并不是让所有的农村人口都迁移到城市，而是要让所有的人口，无论是城市居民，还是农民，都能够享受到现代城市文明。"城乡一体化"的真正含意应该是：城市不单是为城里人而建的，同时也是为农村人而建。"城市服务于农村"才是全方位的城乡一体化，开放城市的教育、医疗、文化等服务设施，让农民有同样的权益，才能让农民自强、致富，成为社会经济和文化的主体。在城乡协同发展的基础上，逐步缩小城乡居民在经济收入、生活环境、居住条件、文化教育等方面的差距，让农村居民能够享受经济发展和社会进步的成果，从而真正实现"城乡一体化"协同发展、共同富裕的目标。

如此，理想的生活便在不远处……

乡建的"愁"

荒废的码头

规划设计介入乡村与田园建设，早就不是什么新鲜事。如今大规模的新农村建设已经势不可挡，各地的"乡建"正如火如荼地开展。不久的将来我们会看到，很多做坏了的"乡建"会风靡全国，让我们再也找不到乡愁，也许这就会成为我们挥之不去的乡建的"愁"！

工业化的发展，大规模的造城运动给传统农业发展带来了前所未有的冲击。旧的农业生产关系已赶不上经济发展的步伐。城乡差距的扩大导致大量的青壮年背井离乡进入城市。落荒的农村成了贫穷、孤独、破旧的代名词。人们开始关注乡村的保护和建设，这本是件好

事。问题是各路英雄大张旗鼓地走进乡村，各怀不同的目的，各有不同的手段。我们都很自信地知道自己要什么，却并不关心农民要什么，怎么样做才能不辜负那一片土地。

乡建的第一要素是乡村文化的传承与革新，然后是经济的繁荣和生活的现代化。改变农村状况，人是最关键的动因。过去几十年，我们只顾城市的发展，把人才都从农村吸引到了城市发展，结果造成了农村人才的真空。在这一点上，我国台湾地区政府给农民进行培训的行动就很有借鉴意义。农民自身的水平决定着乡村发展的程度。提高乡村的整体面貌只有通过改变农民的观念和知识结构才能改变农村。作为城里人，我们无权对乡建指手画脚，我们应该想办法帮助农民走出困境，而不是为了一己私利，去占有它的资源。应该从农民的利益出发解决问题，增强农村的造血功能。我们可以预见，在未来的几十年里，会有大量的教育面向农村，甚至是直接的乡村兴学的文化复兴。

农村产业的复兴一方面来自农民自身的创新能力的提高；另一方面来自外来资本和产业的植入。乡建应

残墙壁垒

该从产业及其文化建设的角度去构建新的农业经济体系，以乡土文化的独特优势深度发掘为基础，从而树立村民的坚定自信心，而不是一味地追赶现代都市人的脚步。以往的农业休闲游无非是采摘、农家饭、民宿相关的浅层单一体验，游客参与其中并不能感悟到农业经营者的地方文化内涵与旅游生态特色。农民也无法发挥主人翁作用，与游客缺乏良好的互动。游客也很难通过低端的景点包装了解到农业文化与乡村生态的有趣与特别之处。让乡村生活成为一种时尚谈何容易！可如果我们做不到，那就别谈什么农村复兴。真正意义上的农业复兴一定是农业经济的复兴。农村生活的现代化、生态化和情趣化，能够成为人们认可和追求的生活方式，让健康、文明、发达、自尊走进农村，才称得上最真实的农业复兴。

土地是农民天经地义的依靠，但要想建设成美丽乡村，它的基础依旧是产业，没有产业的发展，一切都是虚幻的，不可持续。还以台湾地区农民致富为例，为

什么他们的收入是大陆农民的几倍甚至几十倍？我们不得不说产业链在其中发挥着不可替代的作用。小小的茶山，通过茶树和以茶开发出来的休闲农业有机产品特色不断……，前来考察学习的社会团体接踵而来，这都源于农业六级化早已成为政府和农户之间的默许：从特色农产品到产品的深度加工，经过包装和有效营销，再到深度互动体验，经营管理模式各个环节逐层升级、相扣，最大程度地提升农业的价值，使农民的经济收入状况由忧转善，也让他们真正重拾了自尊。

景观跟随着产业而进入到我们的生活。农业景观的活力在于深深地根植于生产生活的全过程。人与自然的关系在农业景观中是最朴实最直接的呈现。

自然之美无须设计，乡村建设不需要介入刻意而为的景观设计。农业是生产性景观为主体，就应该保持其纯粹性，而不要过于人文景观化。不要用设计去束缚乡村景观的随意、粗狂和野性。我们要懂得有所为而有所不为。过去我们谈有所为过多而极少谈到有所不为。

乡村生活景观　贵州靖西

当然少设计并不是不作为，少反而能表达出对自然的敬畏，给人留下更多的想象空间，唤醒人们对土地、对生活的感悟。不是每一块土地都需要大刀阔斧的改造。

　　农业景观的价值收获直接与劳动相关。而与自然的和谐相处之道则是通过尊重、谦让与包容来体现。让一个地方的风景发挥其最大效益是我们最需要攻克的难关，特别是面对那些无法再生的宝贵资源。面对神奇的自然，需要我们做的不是多少的问题，而是忌矫揉造作，且精准到位。过于繁重累赘的设计容易让人眼花缭乱，也容易因为我们的无知而毁了乡村和田园这些宝贵的资源。田园是介于城市与荒野之间的广袤空间，它的尺度远大于城市，是人类文明的发源地。慎重对待我们

的乡土是每一个设计师的责任。因为我们离开它太久，太需要学习才能更好地靠近它。至今我们对于乡村与田园美学的研究仍然非常局限。

　　乡村的"无序"是自由的创意；乡村的"野性"是自然的延续。在《归园田居》里处处洋溢着陶渊明对乡间自然纯美风光的热爱和对归隐劳作田间的自豪愉悦之情，由此开创了田园诗派，正是这无垠的田园给了他无穷的创作自由和生活体验。如今也一样，也正是因为有了这种比城市更多的野性才会吸引人们不断地前往。今天一个受过正统教育的建筑师或园林师是不懂得这种"无序"的意义的，而这种无序正是乡野的基质。渴望自由的城市人太需要能够放松心灵的乡野！乡野不是根据美学规律设计出来

村落景观　浙江武义

的，而是劳作出来的，它最切实地展现了土地的生机，生命的活力，以及勤劳与丰收的喜悦。

　　不少的乡建项目动不动就是土墙、茅草屋，活似猪场、鸡笼；似乎越土、越破旧就越显农村味。我不得不问我们的设计师们，新的农村是什么，农民的生活要回到多破多旧才合适？应该注意的是，我们不是为城里人下乡看热闹而设计，我们是为天天住在那片土地上生活的人而设计。那么设计就必须反映农村的真实生活，农民的追求和对未来的期望。

　　还有不少的设计师把"禅意"看成是乡建的出路。一时间大家都在追求"性冷淡"。黑白灰，枯山水；时髦点的来根红飘带，一片花海……我们的设计师到底怎

么了？难到乡村就是要被这些与之毫无关系的东西施虐么？城市的千篇一律都要搬到乡村才罢休么？

　　愁啊……我们何时才能学会不矫揉造作，不强加于人，回归到最真实的生活景观？

　　我们过去学到的知识和技能大多是为建设城市而准备的。如果我们认真地去品读生活，一定会发现除了规律、节奏、秩序等这些城市美学之外，人们更需要随意和无序带来的轻松和自由以及想不到的惊喜——这就是乡野，那一丝让人念念不忘的愁……

"中央公园"与城市风景系统

纽约中央公园

有一个值得我们注意的现象，那就是大量的中国新城规划都是在中心区政务中心位置做一个超大的"中央公园"。这似乎成了一种规划模式，一方面是受美国纽约中央公园的影响，二是满足对政务中心形象的要求。中央公园模式就真的适合我们么？我们不妨对此做个简单的分析，以正视听。

质疑"中央公园模式"

中央公园坐落在摩天大楼耸立的曼哈顿正中，占地约5000多亩，是纽约最大的城市公园，也是纽约第一个完全以园林学为设计准则建立的公园。在业界，建造曼哈顿中央公园无疑是具有里程碑意义的事件。1850年新闻记者威廉·布莱恩特在《纽约邮报》上发起公园建设运动后，1856年弗雷德里克·劳·奥姆斯特德和卡尔伯特·沃克斯两位风景园林设计大师建成了此公园。在今天还有很多人追随美国纽约的"中央公园"模式来做中国的城市。

中央公园兴建于一个多世纪以前，应该说在当时的社会背景下建造这么一个公园还是具开创性的，从城市用地来说，对于激活社区，改善环境质量等诸多方面都做出了积极的贡献。然而如果从我们今天对城市生态的理解来看，在那里建造中央公园并不是最好的选择。曼哈顿半岛周边具备难得的滨水自然景观，但是全被高速公路、仓储中心和工厂所占据，因此整个曼哈顿半岛都难以感受到海洋以及哈得逊河的自然风光。在曼哈顿看到的就是高楼、道路以及一个并没展现多少自然资源的"中央公园"。

当然我们不能苛责前人。奥姆斯特德当时在曼哈顿那么重要的地方争取到一块地来做公园已经很伟大了。

法国皇宫

但是今天需要反思的是，如果我们每个城市的开发，都是在城市的中心挖出一块绿地做中央公园，代价是非常大的。其实每一个城市的资源禀赋都不一样。城市的发展、绿地系统的建立，首先应该看到的是资源。公园为什么一定要在城市的中央呢？其实不必，完全可以在城市的边缘。旧上海就是一个很好的例子，它最繁华的地方就在黄浦江边。城市公园的选址首先应该是生态保护的需要；其次是方便使用，有助于形成系统。

真正让人感到担忧的是很多新城开发依旧延续着"政务中心+广场"的发展模式。目前，随着老城区用地的逐渐饱和，很多城市启动了新城、新区开发。为了加快新区建设速度，地方政府往往"身先士卒"，在新区中心兴建巨大的绿地广场，而政务中心坐北朝南、俯瞰新区，然后商业配套依次分布在周围。这几乎成了一种思维定式，如果新型城镇化都这么搞，还是延续着'摊大饼'的老路，横扫一切自然资源。忽视了土地的资源结构，城市以固有的模式发展，结果必然是千城一面，索然无味。

现在我们的城市规划只注重产业布局、交通桥梁、商业配套和绿地指标，而对资源禀赋、通风光照、人的活动方式等考虑不够充分。系统性地看待城市风景用地布局对于实现城市生态化至关重要。公园的建设、城市形态和空间结构都要与资源结合。保护好湿地、水资源，开辟景观廊道与自然山水相联系，才能实现城市的"显山露水"，让城市真实地融入自然之中。

试想一下，如果纽约的曼哈顿能花费更多的精力去打造滨水风景带，建立几条风景生态廊道，那今天的曼哈顿就不光是高楼林立，那又会是怎样一番景象呢？

湖州旅游度假区核心区设计

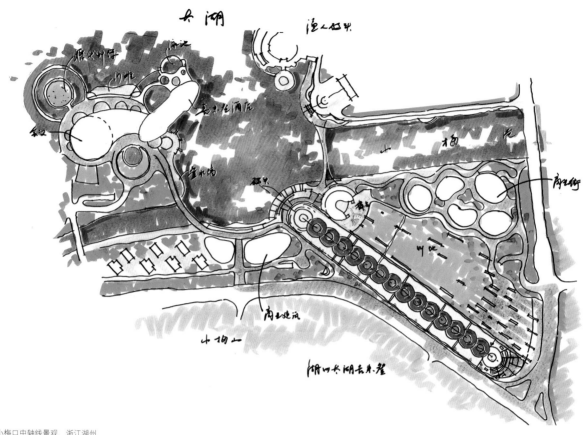

小梅口中轴线景观　浙江湖州

　　江南的雨淅淅沥沥，拍打在水面上，一环环，一点点，富有轻盈、安闲、无拘无束的快意。特别是在花香四溢的季节，空气中弥漫着清新撩人的气息，我想这就是江南的味道。第一次站在度假区的场地上，从小梅口远望太湖，脑海里跳动的就是那一个个水环，从脚下一直延伸到小梅口及太湖的深处……

　　以水环概念打造这个项目的主体景观得益于小梅口的雨和那由雨点在心里筑起的记忆。湖州旅游度假区的核心就在这里。小梅港是连接湖州与太湖的水上通道，在这个地方你可以充分感受和生动表达城与湖的"水乳交融"。出了小梅口远处便是浩渺的太湖。这个口把小梅港弁山及渔人码头与太湖连成了一体。

　　项目早期我们在湖中的小岛上设计了一个圆形的水泡泡。水泡泡的创意来自一个建筑师，对此我们做出了如下的景观设计诠释：利用这个小岛做了一个酒店，环绕水泡泡的是栈桥，栈桥从两侧穿过水面与陆地相通。左边是一个环状的码头，人群从码头进入酒店区域，在这里停车，或从这里坐船便可以进入酒店。后来这个设计遭到了否决。原因是杭州有雷同的建筑。后来只好把酒店的形象重新进行了设计。建筑师马岩松用了一个环状的体形表达了江南水乡"拱桥"和水环的概念。

　　项目期间我们还遇到了一个不小的障碍：在湖中小岛上开展项目必须符合规划退线要求。但如果退，剩下的巴掌大的地方将无法做建筑。我们只好把建筑移到了陆地，于是综合服务区、酒店区、SPA区、滨湖公园、住宅区、低密度社区、渔人码头等项目设施依依落地。

　　在做总体规划时，我们选择了主要的中轴线，从入口经过港口到酒店，在这个岛上造成视觉效果的联系，

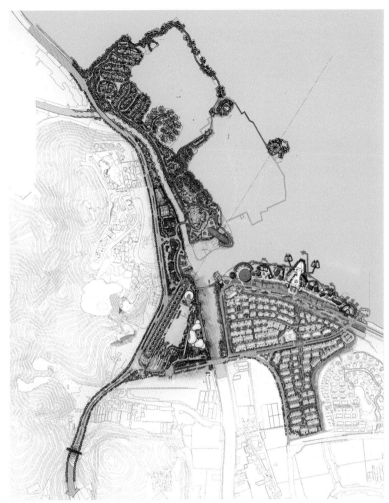

南太湖旅游度假区小梅口景区规划图　浙江湖州

进而与太湖融为一体。

　　酒店前面有一个泳池、一条栈桥、一个喷泉、一个浮岛、一个入口景观，都用圆环连接。我们在前面的中轴线做出环套环的景观处理，从入口一直到码头边上，码头也是一个环，与建筑形成恰到好处的呼应。视线从中轴线及这个建筑中间穿过可以一直看到小岛后面的太湖。浩大的景观视线，太湖和我们的入口就这样连接起来。建筑是一个立起来的水环，与周边的景观构成了视觉上、空间上、氛围上的有机融合。开始建筑师对景观大胆的处理方案并不认同，原因是怕景观抢了建筑的风头，建成后的结果证明景观与建筑相得益彰，浑然一体。建筑原本在陆地上，为了造就更好的概念效果，建筑与水必须产生联系。建筑周围要有水面，有水才会与水环和太湖相关，所以我们把建筑中间部分的土地挖

掉，把水还给了太湖。

　　建筑北面有一个很大的栈桥，连接了建筑的两翼，并以圆形和弧形的场地空间构筑了室外餐厅、泳池和沙滩等休闲娱乐区。栈桥向西延续与SPA区连在一起。水上婚庆主题景观，也由水和花环连成。在婚礼小岛上我们做了一个环岛的栈道，中间用荷花把它连成了环状的水体。

　　整个环套环的概念就在这里展开：喷泉景区、泳池区、餐饮交流区、形象展示入口前区等，既有室外活动服务，又具备交通功能空间，把功能和景观概念紧密地结合形成一个比较完整的区域布局。

　　从景观结构来说，大巴从入口进来后可以直接停靠酒店一侧，再沿环路离开，单向行车方便出入。树木沿道路形成一个比较完整的林荫交通空间。

市民广场　浙江湖州

　　我们希望这个项目兼具生态和现代感，能够体现一些新材料和新理念。滨河商业区把水面用一条直线连接起来，使水面积扩大，同时使每个建筑都能滨水，这样跟水的关系就更为密切。亲水的环境也使商业区更具人气，建筑也不会挡住视线。

　　具有震撼效果的湖州旅游度假区由一个简单的水环概念引入，从入口到建筑，到太湖，把周围所有的功能都连接起来，做到建设成本少，建成场面令人震撼和难以忘怀的效果。

　　该项目是以景观作为主导规划的成功案例，原有

水域的鱼塘、码头废弃的船只、场地的原生树种均作为特色资源被保留和利用，在此基础上再引入新的人工元素，并使之与自然融合，打造出拥有蓝天、水清、地绿、景美的太湖南岸旅游度假胜地，不仅取得了商业上的成功，更把南太湖的生态保护和利用推向深入。

　　围绕着小梅口展开的度假区设计最为显著的特点就是整个度假区的重点突出，形象鲜明。无论是从建设的角度，招商的需要，还是宣传的目的，都为度假区的发展作出了贡献。

渔人码头　浙江湖州

抽象艺术，现代风景设计学的根基

从19世纪法国的印象主义运动开始，艺术家们纷纷走出传统去探寻新的形式语言。经过了无数的坎坷曲折，现代艺术走上了一条通向人类心灵和情感体验的不归之路。野兽派和立体主义艺术家从认识形体、色彩和空间，随之感悟点、线、面、光影、肌理和不同材料给予人的情感意义，从中找到了可以自由表达精神世界的途径。就像音乐可以抒情、诗歌可以言志，造型艺术家则通过线条色彩和光影等抽象的形式语言表达场景的精神含义或是讲述内心的喜乐与忧伤……

多年来，抽象艺术对设计学的影响有目共睹。尤其在建筑、平面广告、服装、工业、产品设计等方面，抽象艺术为之带来了革命式的改变。大众欣赏抽象艺术作品的目的不再为了确定作品所表达的具体物象。设计师也不再以具象思维对待设计创作。他们走出写实艺术的框架，在抽象的形式语言里找到了表达思想概念的不同方式。对精神领域的关注，对情感认知的抽象表达已成为现代设计的主流。然而，现代风景设计学的发展却并不如我们想象的那么简单美好，在该领域中人们或多或少还徘徊在传统与现代之间。

追求自然和真实始终是风景园林人的心结。眼前的客观世界和我们所用的素材都是活生生的实体，似乎这些都成了我们认识和理解抽象的障碍或是绕不开的话题。我们模仿了几千年的"自然"，却恰恰忽视了一个基本的事实，即"自然"不是我们看到和理解的样子。真实的自然是什么？我们并不知道。风景设计师看到的是自然的表象；生态学家了解到的是自然的构造……其实我们离真实的自然很远。单从形式上模仿自然的形状全无意义。如果风景设计的目的是做出一些"看起来自然"的东西，那未免过于浅薄。

那么抽象艺术对于风景设计的意义究竟为何？风景设计围绕着一个主题创意进行设计，传达对一个场地、对一个项目的认识和感受，既有理想、有憧憬，也有对人生和现实的反思。从根本上说，抽象艺术为我们打开了另一扇窗，让我们用不同的眼光去认识风景。我们面对的依然是相同的树木、花草、河流、山体，但从中我们可以感受那些线条、色彩、光影所具有的空间和情感意义。我们不再需要设计所谓的"真实的山水风景"，而是利用各种不同的景观元素表达对生活、对自然的认

抽象艺术作品　克里福特·斯蒂尔

知和热情，这样我们就不会再去复制自然，而是去创作既符合自然规律，又有人性、有创新、符合人的心理需求的风景。

　　在现实中，风景设计领域的抽象艺术和抽象思维应用还远远没被设计师理解和接受。是什么原因使设计师的创作仍然停留在传统写实主义的束缚中？我想最大的问题在于我们缺乏对抽象艺术的教育和引导。我们常以写实主义艺术惯性思维来看待抽象艺术，总是提出类似的问题：这幅作品画的是什么？为什么我看不懂？另一方面，由于好的抽象艺术作品不多，导致人们错误地以为抽象就是在糊弄人。

　　思想和情感没有具体形象，却可以用色彩和线条去表达。达·芬奇画蒙娜丽莎，用写实的技巧表达她那动人的微笑，把写实主义推到了极致——一个令人无法超越的高峰。如果抽象艺术家画蒙娜丽莎，又会如何展现？想象一下，直接关注蒙娜丽莎的精神活动，忽略她具象的五官，是一种怎样的呈现效果？其实每个人都会用自己的理解结合自身的认识去表达那些看不见的内心。也许是柔软的色彩配搭委婉的线条，也许是跳动光影下的律

动，也许是我们全都料想不到的安宁与优雅⋯⋯

　　当你看到街上一个穿着东北花袄的人和一个穿着以康定斯基画作为色彩构成连衣裙的人，你会更欣赏哪种？当然，选哪种的人都会有。可花袄单一而重复，而康定斯基的色彩组合却可以变化万千⋯⋯不同的组合给人不同的精神感受，这就是抽象艺术存在的意义。

　　也许你仍然认为具象艺术才是艺术，可不管你有多么喜爱具象，却不能回避抽象也是触碰真实的一种途径，"有一千个读者，就有一千个哈姆雷特"，抽象艺术总能给我们带来各种惊叹的可能。艺术家们正是以抽象的语言来表达他们对生活的精神感悟。因此在欣赏抽象艺术作品时不要追究作品上这个人像或是不像，发生了什么⋯⋯艺术的目的不是像与不像，懂与不懂，也不是循规蹈矩，它寻求的是创作者的自我表达能否与欣赏者产生心理上的共鸣和默契。

　　当我们看到一片盛开的油菜花田的时候，会不自觉地激动而赞叹。我们并非专注每朵花的细节，这种喜悦是来自我们对色彩和空间的感受，是那种春天的生机盎然触碰到了我们对春天的期盼，对生机勃勃的生命的

美国越战纪念碑　美国华盛顿

赞美；当我们看一场舞蹈的时候，其实我们并不了解舞者的具体舞姿要表达何种意义，为什么这样跳？但是我们同样会被现场的气氛感染，心跟着一起激动，一起跳跃，这就是对抽象艺术的另一种解读，这就足矣。

抽象思维和抽象艺术对设计学的发展也许是关键之所在。可大部分设计师很难摆脱"现实"的约束，一方面是对写实主义思维的依赖；另一方面是惯性地把现实作为衡量真实的标准，忽视了精神感悟。如果设计师不能活用抽象主义的精髓，谈何用抽象思维和艺术表现方法创作。抽象思维是现代设计创作的基本源泉，不可否认，这种思维的创作潜力更有赖于艺术教育的引导。但如果我们的教育仍旧是写实主义一如既往地走下去，便无法让学生张开想象的翅膀，无从谈起设计的创新！

从大学的教育模式到设计公司的实践，我们一直沿用传统的思想和工作方式。这应该是现阶段设计领域缺乏创新的主要原因。人们错误地认为抽象艺术只是形式上的创新，内容上则并无所长。首先我们应该看到形式上的突破已非常了不起。事实上形式的创新给内容带来了更加非凡的表达空间。从写实的框架里走出来，抽象艺术从形式到思维方式都是一种突破。对造型元素的理解可以帮助我们更准确深刻地表达内容，而不是对内容的忽视。老师们总强调所谓的专业基础，明知道这样的教学方式多会培养出匠人，却仍照本宣科、不思进取的安于现状。安藤忠雄没上过大学，从未受过建筑学的科

班教育，通过自学，做出了很多值得赞扬的作品；白石老人没学过素描，没进过美术专业院校，照样成了画坛传奇。可见艺术类专业院校的"基础教育"不见得有多么正确。创新型设计艺术人才的缺失，究其原因除了教育体制、家庭教育、社会的价值取向等等诸多方面的因素之外，一个不容忽视的原因那就是我们的从小到大的写实主义艺术教育在作怪。一个小孩从拿起画笔开始就被要求要把东西画"像"，而不是画出心中的感受。从小学到大学，从非专业到专业，写实主义的艺术教育根深蒂固。艺术类院校的目的并不是培养熟练技能的操作匠人。学艺术、做设计最怕的就是模仿、抄袭，重复前人的作品。

如今的手绘效果图也许还有人会把它当作艺术品来欣赏，但就设计本身而言，"效果图"已经不再与设计过程密切相关，更不是什么艺术品。专业的绘图师和计算机软件已经逐步取代了设计师画效果图的职能。很多优秀的设计师已经抛弃了用效果图来表达设计，因为"效果图"实际上有很大的欺骗性。今天我们画设计图的意义不应该是为了表达效果而更多的应该在于表达设计的思想。从这一点上来看，学习抽象艺术对设计师的培养至关重要。

"写实"有两层意思：第一是把物体作为参照对象，如山、水、树、石、花、动物等等；第二是拿过去的"成品"作为参照对象，如传统建筑造型和结构法式。

美国越战纪念碑　美国华盛顿

我们应该承认，写实主义在经历了漫长岁月积淀后成为人类最宝贵的艺术财富。写实主义作为一种美学思维和艺术表现形式，在人类历史上存在了几千年，且还会继续存在下去。

然而写实带来的结果通常是标准的雷同和如出一辙的类似感。写实主义也能表达情感，但它常被现实束缚，多有局限。其实在现实生活中，人们早已习惯和接受用抽象思维看待身边的事物。如利用色彩区分季节、做记号表示前进方向等等，特别是对待一些棘手复杂的事物，人们首先想到的就是用简洁的抽象符号去替代繁杂的具象物。更让人惊心动魄的是抽象艺术让我们看到了一个超越于现实的精神世界。通过抽象，人们发现了更多的自己以及对自然的理解与期盼！可谁能想象人们第一次遇到抽象艺术品时的不知所措？直到现在大多数人仍无法欣赏抽象艺术的最主要原因还是基于人们的固有思维习惯。"理解"作品多于"感受"作品，总是去寻找画家的意图而不是体会自己的情感并与作品交流。

无论从绘画、雕塑、建筑还是诗歌、电影，写实主义终归是模仿和再现，而抽象主义则会有更自由的表达，将注意力从物质的世界，移向精神的境界。

那么抽象思维与抽象艺术到底对设计学有什么意义呢？首先，它使我们都在形式上脱离了客观事物的束缚，直接对主观负责。对人的情感、思想极尽的表达是抽象主义的伟大贡献。由于脱离了实体事物，抽象使创作在形式上得到了无尽的自由。另一方面，"抽象"为我们探索人的心灵情感提供了更多有趣的领域。抽象记录着人们在时间流逝中的点滴心情，给予创作者更开放广阔的想象空间。此外，也许我们永远也不可能回答什么是"自然"这个问题，但这并不妨碍我们用心去感悟自然，而这种感悟就是我们心中最真实的自然。对人性的关怀也是"自然"的内容之一，就是对人类所有情感的关怀。"积极"并不是情感的全部。我们也应直面黑色的恐惧、蓝色的忧郁，或是紫色的哀伤。正如汪峰的歌中所唱"我们生来彷徨"，彷徨是自然的一种心理状态，无所谓好与坏。只有不回避痛苦和忧伤，用心去感受失落与迷茫，我们才能真正享受快乐与坚强。

坐落在美国首都华盛顿中轴线上的越战纪念碑是现代设计的代表作。无论从哪个角度看，它都是悲伤的，每个从这里经过的人都能感受到失去生命的沉重，对于越南战争归来的士兵更能体会到这种心灵的震动。然而这个设计却很简单，两条直线向下倾斜、延伸相交成一个钝角，象征着一块刻在大地上的"伤疤"。为什么选用直线和尖角表现？因为弧线和曲线相对柔弱、缺少力度，直线则更能表达刀伤的刺痛感和切割感。磨光的黑色大理石上刻着每一位失去生命的士兵名字，墙面映照着前来吊唁的参观者的身影，似乎逝者与生者在这里交流、重聚，将情感融为一体。每一个人可以在这默默哀悼，或是哭泣，以自己的方式释放内心的痛苦与悲伤。

简约型景观　广西梧州

相对于跨过中轴与之相对的韩战纪念碑，用的是写实的手法，期望再现战时的艰苦场景，但其艺术感染力则大打折扣。时过境迁，无论怎么还原过去的场景，人们也很难想象和感受当时战争场景的意义。

在中国，以现代设计的思想和手法指导风景建设还刚刚起步。风景设计师要创造简单、真实、具有民族和地方特色的现代主义风景并不容易。"大道至简"不是说来就来的。首先你要得"道"，也就是说悟出了设计之"精髓"，方得以精准地表达，这就是"少即是多"的真实含义。不费多余的笔墨，用最精炼的设计传达设计的思想，达到以简胜繁，创新求真的目的。通过解析景观元素，我们会发现每一个元素都有着它作用于我们身心体验的意义。过于复杂，互相冲突的景观会使人无所适从。即使是简单的一处风景，其中任何一个多余的元素都会降低景观的敏感度。这就是选择现代设计的不二缘由。

以抽象艺术指导风景设计可谓步履艰难，究其原因一是人们自觉或不自觉地把自然的形式作为了设计的准则，所谓"天人合一"在设计上的应用就成了"看起来越自然越好"；二是受传统园林形式的影响，把中国园林的模式以及审美观念应用到设计中，就很难在形式上

有所突破；三是错误地总结了自然规律，把普遍性当作了设计的标准，而忽视了特殊性才是能真正打动人的，无论是"一池三山、峰回路转、步移景异"都把设计引向了同质化；四是错误地认为现代设计都是不自然的，由于缺乏对现代设计语言的真正理解，普遍地认为现代设计就是不讲文化的舶来品，这种形式上的纠结都是传统审美的局限；五是现主义早期建筑形式的影响，认为现代主义就是方盒子、平屋顶、国际化，其实现代主义是对个性的追求，是思想解放的产物，无论形式或思想观念，它都不会给人束缚，我们常常拿现代主义早期的形式作为批评的对象，而不认真去理解现代主义的精神实质，就容易犯主观武断的认识错误。

现代风景设计有非常广阔的发展空间。首先基于创造性的设计并不总是与自然相对立的，在尊重自然的基础上，风景设计可以有多种表现形式，可以与自然有更多内在的交流。其次人工的设计不管以什么形式出现，都是人工的而不是自然的。模仿自然的表象并不是真实的自然，而非表象的自然也并不一定就不自然。我们应该看到写实主义的绘画在今天这个抽象绘画很成熟的时代还能够继续发展。写实主义的园林也会有自己的发展空间。但抽象的风景设计更有发展的必要性。因为它试图作为自然的补

充，作为解决人类生存空间的精神和艺术问题，比传统设计更有实效。脱离了以模仿为手段的传统与束缚，设计便开始有了自由和更广袤的表述空间。如果严格地界定现代设计，那就是以抽象的形式语言表达功能空间和精神内涵，寻求与作品内在的精神碰撞。

现代设计拒绝简单地再现自然，且承认人造美也可以很"自然"。我们也许会问，诗情画意是过去文人墨客的追求，它与抽象的思维到底有何不同？无论传统写意的绘画或是园林，都还是一种写实的表达方式，只是更注重描写事物及人物的精神气质。虽与"具象"的有些差异，但在形式上也依旧是写实，在内容上也是再现自然。石涛所表述的"搜尽奇峰打草稿"，那些"奇峰"还是来自现实环境之中。

传统中国园林把"意境"当成创作的审美途径。历史上文人墨客的山水诗画与园林相互交融，举不胜举。文人们寄情山水，抒情言志，以"意境"传递对生活、对自然的领悟。意境究竟是什么？从风景的意义上说意境即虚幻的想象空间及精神境界，或者说是对实景的一种升华。从传统美学的意义上看，它就是移情美学的桥梁，通过"意境"的作用达到精神上的超现实感受。

"意境"可以是愉悦的，也可以是悲伤的、恐惧的。从本质上看它是精神与物质的结合，从设计上看那就是想象+现实，根本上还是写实的具象表达。我们平常对景象的概括性表述基本上含有意境的成分，如深邃旷达、巍峨雄壮、雅致端庄……然而这种意境在很大程度上与我们的经验有关。无论是亲眼所见，还是从各种媒体得到的景象，直接影响我们的思维和兴趣。受各种社会文化的影响，我们的感受并不直接来自心灵，而是文化使然。现实的束缚对人的想象力依旧有很大的制约作用，以至于我们最终都在诸如"天堂"、"桃花源"这样一些虚虚实实的意境中徘徊。"天堂"到底什么样？

"桃花源"又在哪？谁也说不清。

过去几千年，传统的风景园林常常被人们当作逃离世俗喧嚣，进入忘我境界的意想空间。"只可意会，不可言传"一定是文化的精华？如果创造风景的目的仅是让人遐想到海市蜃楼、琼台仙阁，着实毫无意义！现代风景设计的目的是创造实实在在的生活，并产生与人们心情共鸣的艺术感受。"意境"作为现实主义的美学范畴，无可厚非，可它终究无法传达真实生活与精神意义，更不是现代风景设计的目的。是时候了，让我们跳离太虚幻境，去创造真实动人的风景。

意境与心情之间隔着远不止几个街区，而是一片汪洋。一边是幻想，一边是真情。风景审美不是想象中的画面，而是释然了的心情。在公共园林里塑造设计师心中所谓的意境多是徒劳，甚至要求公民按照设计师的意图去理解风景想象出什么意境来也毫无意义。对待传统园林，我们也可以换个角度来看待它。传统园林多为私人所有，而公共园林则属于城市和公民，这一概念始于16世纪，传到中国时已经很晚了。我们要明确"公共"和"私家"的区别，公共园林与私家园林最大的不同在于使用者的需求，私家园林可以肆意迎合主人的想象和趣味，但公共园林必须服务于广大的使用者，不可能要求公共园林兼具私家园林的服务功能。城市中的风景园林不是为人们回归自然而准备的"晚餐"，而是人们与自然、与心灵沟通的场所。我们无法创造"自然"，也不可能"回归自然"，却能与"自然"一起创造生活。

看似脱离了"自然"的设计是否就不"自然"了呢？一味追随自然形态的设计就真的更自然吗？如果不解决这些疑问，我们就很难领略到现代设计给我们带来的感官冲击和思想意义。

简单地说，广义的自然是指宇宙万物，包括人类

有情趣的风景　浙江南太湖

当代装置艺术作品"whatami"　罗马建筑事务所stARTT设计

生存发展之道，或者说由事物内在的特质所决定的属性。究竟什么是事物的本质属性？这无法简单回答。人们从未停止过对自然的认知，却还是离真实的自然非常遥远。可见，对自然的内在本质属性的认识都只是一个过程。有一点可以肯定的是，外表的"自然"并不是真正的"自然"，或者说自然的形态是千变万化的，也不是只有"自由式"才自然，而直线、折线就不自然。就像自然界有复杂多样的混交林，也有纯林；有蜿蜒的河流，也有笔直的河流。

"自然即非人为"。为了研究的方便，我们又常把自然与人对立起来。我们不要忘了自己所做的一切都是非自然的，其实"人为"同样可以符合"自然规律"，关键在于怎样界定。如果凭"长得像"作为标准，那我们就给自己下了个套，什么艺术也免谈了。

应该把追求事物内在的真实属性作为我们的目标，而不是把表象作为标准来衡量一切。人类内心的感受当归属于自然的一部分。能与人真情对话的艺术则是真实的艺术。这就给我们的设计创作提出了两方面的要求：第一是合乎生态性的要求。风景不同于绘画和雕塑，我们面对的是实体空间环境，所有的人工活动都应符合自然生态的内在规律，并使之能相互融合。第二是艺术的真实性，即真情实感。风景于人的意义除了生活功能空间的需要，更是精神生活的需求。真情面对自然与人文的一切要素，我们才有希望创作出感人的作品来。艺术的求真即是自然与生动，所以风景艺术的创作应该摒弃所有虚假的矫揉造作，让艺术回归应有的纯净与空灵。有了生态和艺术，风景便有了生命和精神。

风景设计是为人们提供物质与精神生活需要的户外空间。物质部分易理解，可哪一部分才真正地属于精神生活呢？风景构成中的每一个景观元素都有其存在的价值和情感意义。通过这种设计语言创造出不同的情感空间，把每一个点，每一条线，每一种色彩，甚至每一种形体和材料与情感相连，呼应功能，这就是风景创作。应用现代设计语言，以精炼的形式表达心理感受，而不是根据经验判断将各个要素堆砌，这是现代主义的追求。风景设计的领域和创作空间也将随之变得广阔无限。

喜欢一种说法，艺术是把复杂的事物简单化，哲学是把简单的事物复杂化。创作出让人产生心灵共鸣的艺术品绝非易事，要简洁明了，并刻骨铭心。哲学家则是探究事物的复杂性及它们之间的深层次的因果关系和逻辑结构。对大千世界的认识，艺术也不可能像科学和哲学一样去找寻物质的真实，艺术家的工作更多的是在探索各种生活空间的可能性及对人类精神世界的多维度展现。

丰富多样的表现力是现代园林风景创作最显著的特点，便于为人的心灵服务，为人的健康成长提供适宜的空间。现代风景的多样性与情感化是时代赋予的责任和义务，在这一点上传统的写实性风景创作已经不能满足社会的需求。

在一个欢乐的场景中，人们定会面带笑容，脚步也会随之变得轻盈。其实这里并没有特别想表达的主题

乌篷船　广西梧州

乌篷船　广西梧州

"意境"，人们因"红色的花朵"吸引、驻足，并与之产生心灵共鸣。一旦感受到这种欢悦，人们便有了舞蹈的心情。所以说，现代设计给人带来的感受是直接的，无须过多的解释。

我们应该用今天的语言来表达今天的生活，来表达今天的审美，来为百姓的生活服务。现代设计改变着我们的生活品质，并影响着我们的"心情"。情感化的空间体验即是"心境"，而不是"意境"，这就是为什么抽象思维这么重要。因为抽象力和创造力是无穷无尽的，点、线、面看似简单却无时不刻在表现着人们内心千丝万缕的情绪，它们不受任何限制，可以任意组合或分割，自由且独特，形成耐人寻味的风景空间和与心灵对话的环境。

以上均以广西梧州古宅的"乌篷船"为创意蓝本。顶部的弧线保留了一部分船篷的形态，但该组建筑已不能再现当年船坞的场景，仅借用弧形的穹顶展现出云彩、鹭鸟与地形、水面相交融的烂漫，质朴而优雅。

本页的两幅图的创意同样源自"乌篷船"，却与前三图的场景有着极为不同的功能和艺术表达。连续的圆弧形造型，创设出了一条视觉景观通廊，将远山和近水相连，与变幻的光影形成丰富的景观走廊和休息空间。人们可从中感受到古老渔家的悠闲，还可以体会出自然、山水、光影之间无穷的碰撞与融合。

我们谈现代设计也不该套用传统的理论和审美，包括评论。这其中，对高迪的评论最具代表性。"高迪时代"正处于传统与现代的过渡时期，作为建筑设计师，我认为他是不成功的。第一，他以写实的方式做建筑、讲故事，并没有在功能、理念或方法上有所突破，违背了现代设计的价值观。第二，他的建筑耗费大量的资金和人力，一个百年都做不完的建筑，其本身就是个错误。现在依旧有不少人慕名而来观看他的作品，却没

有建筑师追随他。只有类似迪士尼的娱乐主题型公园设计也还在使用那种方式，其目的恐怕仅能博取孩子们一乐。毕竟时代不一样了，相信人们对生活方式的选择，欣赏风景的角度都会发生改变。

设计学是一种纯粹的人文思想理念指导下的创意活动，并非来自于自然。无论什么样的设计师，遵循什么样的创作理念，他都不可能创造自然。我们一方面希望创造的生活要尽可能地遵循自然规律，与自然和谐相处；另一方面，我们要尽可能地创造出满足精神生活需要的作品，贡献给世界，丰富人类的文化生活。

古往今来，人们以不同的方式诠释着对"自然"的认知，特别是对"抽象"的认知。"抽象"对"自然"的独特表达是人们精神追求的最本真呼唤。抽象的思维方式正是现代风景设计师灵感源泉的无穷展现。只有从传统的写实主义中走出来，让现代设计在多元形式和个体情感中与时俱进，我们的风景设计才会走向繁荣，远离千城一面，万园同品的怪圈。

设计方法

从一个初学者到一个成熟的风景设计师的成长道路是非常漫长的。除了要经过从小学到高中的十二年基础教育，我们通常要有四到七年的本科、研究生的专业学习，然后才能进设计院从业当学徒，注意是当学徒而不是当技术员、工程师去指挥别人干活，在设计院做些辅助性工作，经过较长时间的打拼，才逐渐全面掌握设计的方法，了解设计的全过程。然而最终能否成为一名优秀的设计师除了取决于天资和机会，更少不了坚持不懈的努力。

事实上是在这个行业里有太多的人奋斗了一辈子也没有做出什么惊人的作品。

风景设计师要有一个好的心态：一鸣惊人固然诱人，但如果把它当作职业的目标，你可能会痛苦终生，因为不是每个人都能成功。我们的行业，我们的社会并不在乎那些所谓的一鸣惊人，而是要求你所做的哪怕是再小的设计都能解决一些问题，都能使普通使用者享受到一些关怀。先把基本的做好，再用一些小心思去关注你的传世之作，这才是我们应该有的职业意识和从业的心态。

无论成名与否，掌握了正确的设计方法，你才能走上一条成功之路，不至于跑偏了方向，而一败涂地。

首先，我们要以平常人的心态去过平常人的生活。设计工作相对琐碎，需要设计人员既要事无巨细，又要虚怀若谷、洪涛胆略，能帮别人解决问题，并提供良好的服务，这是我们每天可以期望得到的成就。至于哪天上帝亲了一下脑门，开窍了，那是可遇不可求的事。你要有耐心等待便是了。我们所能期望的只是朝着一条正确的路走下去，做好每一件事和每天的工作，回归到一个设计师的现实生活。那么怎么样才算是"走上了成功之路"呢？

第一，要学好设计语言。就像写文章一样，每个人都会有自己的语汇，组词技巧。要写好文章，你就要有一定的文字功底。不懂得组词造句，再好的题目，好的构思，你也写不出个三教九流，所以首先要对设计语言进行研究，具备提高设计水平的能力。

风景设计语言很难用几句简单的话来说清楚，但总的来看包含着形式语言、审美语言、文化因素，当然也包括物质材料、历史背景和自然条件这样的语境。

在抽象的形式语言方面我们所说的三大构成和主题

抽象设计　广西梧州

情感化景观　北外屋顶花园

色彩应该是形式语言的主体，当然你可以延伸至更多的方面，诸如质感、空间、光影、情调、声音等等。

作为造型艺术的风景设计，不可能完全脱离审美语言的范畴，如比例尺度（黄金分割）、节奏韵律、对比调和、对称均衡、主从关系等等，这些是传统的风景审美要素。现代设计已经突破了传统审美的范畴，更多地落足于精神与情感，从人的多方精神感受和身心体验赋予作品新的意义。

文化的影响对一个项目来说，那就是品位、修养和个性独特的气质。作品的文化内涵是骨子里的优雅与从容，是一件作品的价值观的体现，是对整体态度的把握，当然也是对每一个细节的精心呵护与理解，价值观决定着你的审美、趣味，对事物的态度和取舍。

对于风景来说光有了造型和审美还远远不够。其中物质材料对于风景的影响起着关键性的作用，那就是材料、结构、技术、工艺的应用。

有经验的设计师会告诉你材料的感染力是何等的巨大，特别是一些新材料、新技术的应用往往会使设计达到一个意想不到的效果。仅就植物、水、地形这几项，

就非轻而易举能摸透。

除了上面所说的设计语言，我们不能忽视语言环境的作用，语境的不同往往会导致完全不同的景观效果。

其一是历史背景所形成的语境，包含有景观所承载的历史、故事、文化符号以及一个民族或地方风俗对于审美的约定或者说风景的象征意义，如水的寓意是生命的纯洁，竹对国人所寓意是清廉和雅致等等。当然这不是一成不变的，你也可以有自己的选择并赋于事物独特的含义。

一个地方的自然环境也就是我们项目的背景条件或称之谓自然语境。自然的阳光、天空、气象、风雨、季节无不影响到我们的设计以及建成之后的效果。如果在设计中忘掉了自然这个神圣的东西那才是天大的损失。此外还有值得一提的就是设计的价值取向，每一个设计师在表达自己的风景理念和心灵感悟时总离不开对某些价值的特殊偏好，有重视视觉的、有重视寓意的、有重视功利与生活的，还有以生态为核心的等等。什么样的价值取向都直接或间接影响对设计语言的表达。

第二，成功的设计之路离不开有效的沟通技能。

主体概念性强的风景　南宁五象湖

设计师不是拿着自家的钱做自己的项目。我们的甲方是决策者。我们的使用方是评判对象，而我们的设计师总是处在服务方的地位。

没有良好的沟通就不会有成功的项目出现。专业化的服务意味着主动的沟通，而不是被动地等待甲方的指令，按照甲方或者使用方的要求来工作。专业化的服务在于首先我们要提出"专业化"的建议，有理有据地为对方提出我们能做到的最佳方案。

第三，现代设计与传统设计的最大区别在于价值观和思维形式的差别。

传统设计注重的是工艺、具象和物质；而现代设计更多的关注情感的抽象表达和创新性。简洁纯净是新的时代特征。吸收传统精华，把握时代特征是设计的大方向。任何模仿奢华、没有精神内涵的设计方式都是不可取的。

把创新和情感表达作为设计的目标是现代设计走出传统的以技艺审美为目标的重要保证。实际上也就是把设计的精神意义放在了最高的位置。设计的美与不美都不再是好坏的标准。

第四，贴近生活的设计是风景园林行业存在的理由和发展的动力。

当现代艺术脱离传统的装饰和奢华，以功能为核心，把设计与现实生活的需求紧密联系起来，以简洁、朴实的形象出现，为我们的想象力提供了广阔的空间。设计不再是模仿，不是再现某个自然，不是单纯的审美，不再是重复以往的辉煌，而在于走进现实的生活过程，解决社会的问题，让生活更美好。设计的目的是为了创造生活中更多的可能性，更有趣、更和谐，去创造一个更有意义的生活。

第五，拓展视野走出框框。

风景设计行业已不再是传统意义上的庭院绿化，一方面我们要以现代思想理念去看待这个事业，另一方面要让风景融入规划走进生态，并与市政、水利、农业、旅游等，各行业结合起来才能真正发挥风景对生活的引领作用。

概念的源泉

过去几十年中国设计行业的发展取得了非常可观的成绩，无论从规模还是领域都有了长足发展。然而总体上看设计水准并不乐观，与国家的经济发展水平不相匹配。现状依旧是设计师提到"概念"就面露难色，绞尽脑汁摆弄出一堆似是而非的词儿忽悠甲方，同时也忽悠了自己。搞一些与设计毫不相干的"主题"概念，这与卖假货的商贩没有任何区别。为什么这样一个泱泱大国难出优秀创意型人才？为什么会有那么多束缚设计的作品横空出世？我以为最根本的问题就在于大一统的现实主义美学思想和写实主义的艺术教育。

单一的思想体系限制了人的思维，不利于艺术创新。设计是方便使用的，同时也是为精神服务的。怎么为精神服务？我们得去了解精神，要有超越现实的想象，找到表达精神活动的方式。对现实一味地重复和模仿不是精神和思想的出路。

文化艺术的繁荣需要一个包容、宽广的政治环境及多元化的学术氛围。单一的唯物主义哲学覆盖各学术领域不利于多种思想观念的交汇、借鉴和比较。任何哲学都只是一种思想，一种认识世界的途径。把哲学思想当真理本身就是错误的！唯物主义哲学肯定物质的第一性，精神从属于物质。这在很大程度上限制了对精神领域的独立研究和思考。实际上我们生活的这个世界既是物质的，也是精神的。两者并非主从关系，而是可以相对独立存在的。即便对物质世界，我们也要看到一个是独立于人类意识的世界；一个是人所认识的世界。我们通过建立各种事物的"概念"，来认识世界。例如我们定义的"地球"、"天体"是依据我们对其观摩研究而作出的理性解读。它与真实存在的地球和天体并不是一回事。离开了人的概念意识，我们所定义的"地球"、"天体"便不存在。无论我们认识的世界与真实的世界是远是近，我们只能通过感知与世界交流，而不可能让真实的世界告诉我们它们是什么。换句话说我们可以无

雪之境　东北雪乡

限接近世间的客观真实，但谁都无法取代它，因为人类的认识永无止境。世界还有太多未知的事物需要我们去探索和发现。这物质的世界也在永无止境的运动和变化中！由此可见，精神是何等巨大的一个宝库！它是人类自己创造的一个奇妙世界。

如果我们相信是人类赋予了世界不同的概念，那我们就有理由认为概念的突破和完善就是我们认识事物，寻找真理的路径。风景创作即是把思想概念固化成实体空间、文化内涵、生活场景的活动。作品就是这样产生的。

设计是这样的一个过程：从概念愿景出发，我们认识项目的场地、研究目标、功能定位、揣摩形象等等；通过各种技艺和工程手段去创作，最终要返回到初始的愿景，让概念完整呈现。这种愿景到概念的空间呈现过程使我们的设计不断完善。设计师加班画图、开会汇报、熬夜讨论……最终将项目落地的艰辛旅程，目的都只有一个，那就是把项目的概念塑造成实实在在的形体空间，使之成为可用、可观、可赏的理想处所。我们无

雪之境　东北雪乡

法断定哪一个设计阶段是概念的确立。也许是前期某个阶段；也许是在工程细节的推敲过程中；也许设计到了最后还没有明确的概念。项目运营过程中也可能还在对项目进行不断修正。总而言之，找到合适的概念，使之成为作品的灵魂，通常是十分艰巨而又复杂的过程。我们知道这也正是其成败的关键。

　　人的精神世界应是多元的，每个人都有自己的世界。非写实的形态空间、音响、光照等等对人的精神都具有情感意义，可以帮助人们从不同的角度、不同的视野去表达丰富多彩的内心世界。

　　理解了这种主观与客观的关系，我们就有理由认为设计根植于精神和想象。当然任何精神和想象并不是天马行空，无所顾忌，现实的条件往往是我们最需要回归的基础。脱离现实主义思想的根本意义在于我们开展的想象不是为了像某个具体的东西，而是表达我们对生活的认识，是那些超越于形象的内在本质。它让我们激动，让人眼前一亮。

雪之境　东北雪乡

荒野风景　新西兰

设计过程

设计过程决定一个项目的成败。

开发商常常希望设计师设计的速度越快越好。无论是景观、规划、建筑，大家都在拼命赶工。我们能够理解之所以项目发展的速度如此之快，就是要节约时间，进而节约成本。谁的价格越低，谁就越能占领市场，从而更快地解决资金回流问题。这就是一些项目都在使劲往前推的原因。

设计是有生命的。不管多聪明的人都不可能拍一下脑袋，就冒出一个设计来。设计阶段即设计的生命。每个设计阶段都有需要解决的问题。如果设计还没到那个阶段，问题就不会暴露出来。不是说你有能力，就能预测到所有设计阶段可能出现的问题。因此尊重每一个设计阶段的流程才能保证设计质量。

我们可以将整个设计过程细分为若干设计阶段，包括：（1）项目策划阶段、（2）用地分析与市场分析阶段、（3）前期规划方案阶段、（4）概念性规划阶段、（5）总规阶段、（6）详细规划阶段、（7）报批融资阶段、（8）景观设计方案阶段、（9）景观概念设计阶段、（10）景观设计初设阶段、（11）景观设计施工图阶段、（12）施工阶段。

把整个设计过程如此细分成若干阶段是为了让设计师更好地控制整个设计过程，解决好每个阶段出现的问题，达到每个设计阶段的成果，才能把项目做好。千万不要因为赶进度就草草把一个设计做出来，跳过一些必要的设计阶段，这样即使侥幸短时间不出现差错，长期也会命运难保。只有经过完整的设计过程，才能及时发现并解决问题。可以说设计过程是保证设计质量非常重要的手段。

在策划阶段，首先要解决的是项目究竟要做什么的问题，从整体上把握项目定位。其次就是组织团队。组织团队方面目前的情况不太理想，大家都还习惯于在规

有节奏的风景　广东肇庆

划的时候找规划师，在做建筑的时候找建筑师，最后都做完了，再把景观塞进去。这样留给景观发挥的空间就非常小了，因为建筑不能动、用地性质不能改、河道也已经修直了，只剩下景观去栽树。通常这样的结果就是道路拥堵、雨水流失、通风不畅等诸多社会和生态的问题。如果在项目的初期，就把相关专业人员集中在一起讨论，各专业都提出自身的问题，将会对整个项目有非常大的益处，同时可以规避很多的设计风险。很多项目的失败都是因为对这个环节的忽视。

项目分析首先是对土地和对市场的评估。除了对自然环境，还要对社会环境有一个评估，这样我们才能知道，是在什么样的背景下来做项目，有哪些可以利用的资源，有哪些社会诉求和影响因素，我们怎样规避风险，将价值最大化地体现出来。

到了前期规划方案时就需要了解场地内究竟什么可

引导视觉的风景　宁夏

以保留？什么措施可以做好生态？场地里面需要什么功能，怎么分区，以及建筑的形式、开发的时序等等，通常可以多做几个方案进行比较。设计是没有唯一性的，不是说哪个方案一定就好。每个方案都有每个方案的切入点，每一个设计师都有自己的视野，会从不同的角度去看待这个项目，得出的结论自然就会不一样。但我们可以根据综合的商业定位、经济目标、项目的不同需求，确定哪个方案更加适合我们。方案的比较在这个阶段就显得尤为重要。在概念设计的阶段还要突出解决总体设计思路的问题，找到项目的特征，这样，项目才能有竞争力。如果没有设计构思，项目肯定是苍白的、缺乏个性和竞争力的。好的设计构思需要很好的手法才能把设计构思表达出来，才能成为好的设计。需要说明的是忽悠人的设计构思没有一点意义。构思可以来自很多的地方，有的时候是来自内心的感受，有的时候来自历史、甲方的一句话、场地的某一个特征，或是来自其他的方面。构思不是虚幻的，而应该能够转化成能够触摸的，有精神和生活意义，又有内涵的形态空间，能够有效地指导设计，能够解决场地的问题，创造出价值，表达精神意义。

接下来就是总体的设计，包括功能的评估、成果的分析、交通布局等等，形成概念性的总平面图。

而到了扩初设计阶段，就是要解决设计的概念能不能落地的问题。一个概念能不能形态化、空间化，要设计出具体的场景出来，这样项目才能够拥有可实施性。包括线形是怎么走的，场地的竖向关系，空间结构形式等等都要在扩初阶段反复推敲，保证项目不存在技术上的困难。扩初阶段就是要保证项目能够实现。

而施工图阶段要解决的是怎样才能实现。用什么样的材料，什么样的结构，什么样的方式，具体怎么做才能把设计思想变成现实。如果这个材料也没有、那个材

海边的树 美国

料也没有，技术也不过关，缺胳膊少腿，我们的概念就根本实现不了，落实不到工程上。

目前容易被忽视的是施工现场指导阶段。这个阶段是实现理想的非常重要的环节。把握现场的每一个环节都不出现问题，才能确保项目的成功。建筑可以细化到厘米，照图施工就可以，但景观就不一样，景观很多是活的，比如说一棵树，它的形态、高矮可以影响到整个场地的效果。施工的过程中会出现很多在设计中想象不到的东西，需要继续现场调整。因此景观的施工配合比建筑要多得多，也更加重要。如果没有现场配合就很难达到良好的设计效果。施工配合就要求到现场去，把图纸落实在场地中去，有问题及时发现，及时解决。

如果我们为了赶时间而不顾设计过程来操作，就造成了很多的"早产儿"。我们用很短的时间，最快的速度搞建设，但工程完成没多久就问题一堆，很快就坏了。也许一个工程花了极少的时间，比别人便宜，但生命力太短了，耗费的成本、耗费的资源是巨大的。景观要成为传世千年的作品，就应该把它当作固定资产，而不是快速消费品。

人工设计的水景　四川成都

风景设计的阶段性与延续性

建筑风景设计　广西梧州

说完了设计的过程不见得我们就能好好地把握设计的进程，并指望它给我们带来一个好结果。

在现实状况中，人们往往把概念设计理解成为创意设计，以为扩初施工图就是最后的落地，是纯粹的工程问题。不少的设计公司甚至把设计人员分解成"概念设计师"、"施工图设计师"。设计公司变成如此的流水线工厂，好作品几乎再难呈现。一个不理解施工图、不注重细节的"创意设计师"不可能设计出能服务于大多数人的好作品，注定背离优秀设计师应有的"天职"。同样，不懂概念、放弃创作的设计师也做不出理想的施工图。名义上是强化各人的"长处"以提高工作效率，实则使设计被拦腰斩断。设计师被"肢解"，变得"缺胳膊少腿"，很难成为完整的项目主持人。

当然我们相信概念设计阶段是创作的最重要时期，也是对整体设计起引导作用的关键节点。扩初与施工图的设计绝不是单纯的技术化、工程化、标准化过程。一个上佳的作品最注重的是创意设计始终贯穿于整个设计过程之中。扩初施工图中还有多少创意蕴含其中？只有兼备设计经验和工程技术的人才能深刻体会。可以说，概念阶级只

公共区域景观设计　广西梧州

梧州沧海项目效果图　广西梧州

是为设计开了一扇门，真正的设计功力还得在项目的后半程才见分晓。殊不知有多少的好创作被毁在细节上；有多少的好细节设计弥补了概念阶段的不足。

就设计的特性而言，风景设计与建筑设计是有别的。建筑专业在材料与技术上可控性要远远超过风景设计所要面对的各种不确定因素。换句话说，当你面对太多的"活物"时，就要以更灵活的方式来处理。

也许建筑师对设计阶段的分解有一定的道理，因为他们在施工图的阶段主要是处理较为复杂的技术问题。然而对风景设计来说是完全不同的概念。风景是空间场地的关系问题，相对于建筑的单体概念有着更大的空间灵活性和相融特征，而这种复杂性又大大增加了设计过程中的可变性。任何条件状况的改变和材料的差别会直接影响设计的主题和最终呈现的效果。因此仅在概念阶段不可能把设计一次性做好。无论是扩初还是施工图的细节设计都要对概念作出多次修正，以确保项目的主题创意贯穿于风景设计的始终。

除了大空间和结构体系的建立，风景的魅力之处无疑是那些能让人近距离触摸的细节之美。一条小路的

色彩、材料、坡度直接关系着人们行走的安全，体会畅通及舒适感。植物空间的光影变化往往也会带来意想不到的效果。与人体直接接触的家具小品则更需要引起关注，它对人们内在的感受与情绪的引导不可小觑，贴心的小细节往往最能打动人。

我们的设计师通常记住了人的使用尺度和使用习惯，但对于情感体验的细微差别却关注甚少，工程细节常常用一个标准图对付了事。其实对于"标准图集"的使用，我们应该谨慎对待。一是目前流传的"标准图集"存在不少错误，再是"标准图集"并不能无条件滥用。对不同的场地条件要有不同的处理，不同的创作思想通过具体的空间、材料、色彩等细节来表达。目前业内太多的植物配置和施工图被模式化，导致了设计效果的同质化。其实无论是尺度、色彩、肌理还是形态等，对我们体验风景的不同效果都是显而易见的。

建筑与风景：你中有我，我中有你

吉林文化中心项目　吉林市文体中心

　　我们经常听到建筑师这样的抱怨：我那么一个伟大的建筑，景观为什么总是配合不好，像一堆垃圾？同时景观设计师也常常指责建筑师总以大建筑主义的姿态对待景观，场地内很多资源都被它们破坏了。

一、让建筑走进风景中

　　建筑和风景设计应该是相互交融，才能彰显各自的价值和魅力，实用和美观是其外在指标，实现与天、地、人的内在沟通才是关键的精神实质所在。

　　建筑设计师和风景设计师只有经过充分的沟通，才能对一个项目达成共识，发挥资源的最大潜能并且减少对场地和生态的破坏，同时也规避一些因为认识方面的偏差而构成遗憾。

　　现在的建筑设计师和风景设计师亲临场地的次数越来越少，只顾在电脑里搜集各种现成的示意图片拼凑出最终的方案。场地应该是给我们最多灵感的地方，更应该是我们设计的根本。建筑设计师在实现建筑功能和创意的同时，如能更多地关注场地内的风景资源，就可以增强对场地和环境的理解；而作为风景设计师在改造场地的同时，用更多的时间去研究风景和建筑的关系，以及建筑本身，就可以避免造成双方的认识脱节。

　　无论是风景设计师还是建筑设计师，我们都不应该把自身局限于某个单独的专业或是某个传统的模式里。以全局的观念看待场地，才能更加有利于我们放开思路、开阔视野，遇到的各方面羁绊才会更少。现代风景的概念范畴在不断扩大，早已不只是亭台楼廊、山山水水。人们生活中的方方面面，所见所闻的任何事物都成了风景的一部分。也许建筑与风景就应该是"你中有我，我中有你"的互补关系，这种"泛景观"的概念有助于我们的设计师拓宽视野，将建筑语言融汇到风景中来。

　　在原始社会，建筑的发展是极其缓慢的，我们的祖先从建造穴居和巢居开始，逐步掌握了营建地面房屋的技术，满足了最基本的居住和公共活动的要求，建筑虽然起源于防寒、祛暑、蔽荫、安全等实用的生活要求，但随着人们生活水平和营造技术的提高，人们把建筑当作社会生活的一个重要组成部分，将其赋予了更多的社会生活内容以及精神意义，建筑逐渐地成了一种造型艺术，这是建筑史上的一个漫长的发展过程。人类从对解决生活实用的建筑发展到对非实用方面的建筑，如宫

建筑与水系　吉林市文体中心

殿、庙宇、祭坛、陵墓、教堂、纪念碑、园林等，这些全部或基本上服务于精神生活的建筑，其成就远远超过了住宅、作坊、堡垒等服务于物质生活的建筑。从此建筑不仅具备了物质功能而且还具有了精神生活内容，促进了建筑向技术和艺术的更高层次发展。

包豪斯设计学院的成立标志着现代设计的诞生。新一代建筑师试图将建筑艺术与建造技术这个被长期分隔的两个领域重新结合起来。更广泛地说，真正的现代设计是对现实生活的突破，这对人类现代生活的繁荣产生了深远的影响。自此，建筑设计开始弱化细节处理、简化工艺流程，从传统的工艺时代解放出来，突破形态的束缚，成为思想概念与精神语言的集中体现。现代设计语言把人类从模仿、陈述的传统形式中解救出来，从此人们可以根据精神生活的需要创造新的形式空间。现代设计已经在各艺术门类之间构筑了一种沟通的桥梁，我们不再孤立地看待建筑、园林、规划甚至电影、广告等等。

艺术可以帮助我们拓展新的想象空间，创造新的形态，诠释新的功能和概念，创造一种足够完美的空间。艺术的概念更多的是关注自身的思想性和艺术性，突破

时间、空间、形式的羁绊，当然这也不能脱离建筑功能的基本层面，否则设计将成为空中楼阁。建筑本身就是一种通过持续不断的实践而形成的技能，兼具功能性和思想性的完美载体。

二、建筑与场地风景要素

大自然赋予了我们丰富的资源，无论是冰原、海洋、沙漠还是戈壁，都可以成为我们创作的基础。设计是一种感知的艺术，当我们深入场地，感受土地、风光、道路，体会场地，再结合周边环境、人文历史以及社会风尚，一定能够给我们带来情感上的体验和设计的冲动。

设计师需要非凡的眼光和洞察力，能够透过项目本身看到其未来的前景和价值。设计师的思想高度决定他们的设计水平，通过他们的创造，能够为我们展示一种全新的形象空间，创造一种全新的精神体验。利用好的场地要素往往是我们成功的关键。

地形地貌对建筑会产生非常大的影响，利用地形地貌与土地的融合可以形成不同的建筑体验。在我国，

人口和资源的矛盾是很难调和的，一方面，国土面积辽阔，但山地、丘陵和比较崎岖的高原面积广大，另一方面，人口迅猛增加，造成了住房紧张，因此保护农田、保护湿地是我们国家建设的发展趋势。多利用坡地和山体来建造房子成为行之有效的办法，这样既可以保留更多的湿地、水体和耕地，同时保证地下水和地表水的循环畅通。水是富有灵性的，我们身边的河流、湖泊在赋予我们无限想象空间和创作灵感。滨水的吊脚楼、滨湖的山庄、滨河的走廊、溪涧的木屋无不是我们结合水景创造出的新空间。

人类的生存环境变得越来越脆弱。我们在享受无尽

建筑与道路　云南靖西

建筑与树木　重庆

工业发展带来的物质财富的同时，也不可避免地受到空气污染的侵害，人类的追求应该回归最纯粹的层面：阳光、空气和水。因此当今社会对建筑的采光和通风就非常看重，通风和采光不仅成为建筑工艺方面的要求，也更加成为设计的重点和亮点。很多能够称之为艺术品的建筑设计不仅能够满足这两个方面功能上的要求，还能够在形式上有所创新，创造出新的形态。

在目前的设计中，较为常见的现象是先考虑建筑的立面、造型、功能等，随后配上绿化植物和小品，场地规划设计成为一种填空游戏，必要的功能组织、使用需求、空间效果等场地设计的基本要素缺乏与建筑的统一考虑，造成建筑与场地设计的脱节。

我们常常争论的一个问题是：究竟建筑是场地的主

道路与水景　云南靖西

建筑与水景　北京郊区

滨海景观　厦门

人，还是风景是场地的主人？聪明的设计师一定会选择
建筑与风景相融合，而不是各自为政，互不相让。

　　建筑本身的功能属性应与其场地的功能相吻合，建
筑的整体风格，应当与环境设施、植物配置的风格协调
统一，达到相互融合的效果。场地风景给人们提供的是
户外生活及视觉感受，包括场地的建筑群体、自然环境
以及各项功能设施，同时还包括地方民族特色、文化艺
术以及人们生活、活动、精神风貌等。场地风景始终不
断地与建筑内部发生着联系与交融。

三、城市文脉与建筑的群体效应

　　建筑是城市景观的核心要素，对于一个城市的影响
是根深蒂固的。然而建筑应该符合其场地文化，承接其
脉络发展。城市往往因为建筑的历史地位、历史背景，
以及它的地理位置和出色的艺术造型等，使其成为一个
城市的象征。如北京的天安门、延安的宝塔、拉萨的布
达拉宫，以及上海的东方明珠电视塔等。因此，建筑的

造型、尺度、比例、风格、色彩等都对城市风景产生直
接的影响。所以，建筑是构成城市轮廓、空间构图、标
志的主体物，城市景观离开建筑常常会变得暗淡无光。

　　城市中的每一座建筑及空间不是孤立的，城市的建
筑都有着时代的烙印。每个城市在其发展过程中都会因
其社会和自然条件的原因，形成自己的独有特色，如深
圳的现代化气息，苏州的江南水乡韵味，青岛的滨海城
市风貌等等。社会的不断发展，给建筑带来新技术、新
材料、新形式的变革。不同的时代建筑，因其功能、风
格、材料等因素的影响而各具特色，有鲜明的时代性。
尊重历史，尊重环境，并非提倡建筑盲目"复古"，而
是强调建筑与城市文脉的延续，建筑要与周围环境协
调，与之有机结合起来；同时又要突出个性，不断地给
城市增添新的风景点。例如：贝聿铭先生的巴黎卢浮宫
扩建工程很好地说明了这个问题，面对建于16世纪的
古典式建筑，贝先生没有采用仿古式的折衷主义形式，
而是采用了一个晶莹剔透的玻璃金字塔。金字塔的现代
气息给建筑增添了新的生机，这无疑是创新的体现。同

城市主题景观　株洲神农城

建筑文脉　法国教堂

埃菲尔铁塔　巴黎

断桥 法国

时，精致简炼的三棱锥与老建筑物没有任何可比性，从而使金字塔对原有气氛的破坏减到最少。而且三角形是一种最古老、最纯粹的几何形，这又与原建筑氛围的悠久历史相吻合，使建筑既具突出的现代风格，又与原有环境相互协调。

我们常常错误地认为城市里都是人工的东西，谈不上什么自然。其实自然的元素在城市里随处可见：阳光、风霜雨雪，这些自不待言，我们的城市时刻都在经历着四季轮回，昼夜更替。城市的一草一木，土地所养育的万物都与自然发生着千丝万缕的联系。因此关注城市里的自然是我们研究城市生态最不可或缺的部分，在很大程度上应成为指导我们风景建设和其他建设的依据。

建筑要与城市景观协调发展，其创作者必须了解和研究城市，对城市有总体的认识。综合分析城市的自然条件、区位、地段及性质等，可为建筑创作提供依据，了解城市的建筑文化特征（如风格、标志、色彩等），

更能使建筑创作在继承的基础上求得新的表现形式。

建筑在追求土地开发利用价值的同时，需要满足甲方及规划部门的要求，更应注重社会文化效益和环境效益，延续城市历史。延续历史，反映今天城市生活的特征，进而塑造与其身份相符的建筑气质，既能融入城市景观，又突出建筑个性。

城市景观是城市发展的积淀，它蕴涵着丰富的物质和人文财富，每个城市都有它自己的过去、现在和未来，保护历史与地域的人文环境，与日新月异的建筑创作风格一样有着重要的意义。所以，建筑创作应从城市既有空间环境、社会传统文脉中继承精髓，去其糟粕，努力维护其延续与发展，协调环境，创造环境。建筑与场地的同步协调发展是我们所期望的未来。

襄阳月亮湾湿地公园设计

湿地河滩　湖北襄阳

　　湖北襄阳月亮湾的山水格局非常完美，是汉江边上一个非常开阔、自由、浪漫的好地方。这是我第一次来到场地的感受。但那时，公园内设施破破烂烂，杂草丛生，河道堵塞，水系不通，水质恶化。整体上，公园里建了些游乐设施，档次很低，与场地不符。月亮湾是面积110公顷的汉江江滩，不应是"小家碧玉"的味道，更应该体现山水相融，层林尽染的禀性。

　　月亮湾湿地公园位于襄阳汉水北岸，是汉江冲击形成的，神似一轮弯月的内湾自然湿地。兴建于20世纪90年代初，北接汉江大堤，东起热电厂，西至市郊汉北轴承厂，南邻汉江；项目依江而成，由沙洲、内河道、沼塘、湿地组成。

　　2012年襄阳市政府决定立项改造，使其成为集城市休闲、自然游憩、生态科普等功能于一体的综合性城市湿地公园。以恢复江滩湿地风貌为主，具有城市绿肺功能，既能净化水质，又能成为鱼类与鸟类的栖息地，还将为居民日常重要的休闲和交流场所。

　　园区植被面积很大，水鸟种类多，野生资源十分丰富。为了找回属于月亮湾公园应有的"自然气质"，

改造方案分四期营造，形成湿地保护区、生态旅游区、休闲娱乐区三大区域。设计统筹考虑了城市对防洪、景观、休闲娱乐的需求，与公园外的城市主干道、汉江堤防、堤防上的城市绿道、堤防内公园主体景区、汉江及其岛屿、汉江对岸城市和城市背后的山峦，构成了一个完整的有机体。设计充分利用月亮湾的自然资源，也为市民更多地提供多元化、高品位的生活环境，同时促进西部片区城市改造，提升襄阳的城市品质。

　　在公园北部的主入口处，我们将大轴线在脚下延伸，直接通往汉江，成为城市的通风走廊。这条开阔的轴线，既是公园景观轴线上的重要观景点，也是最佳观看汉江自然风光的视线点。开阔的汉江水面有老龙洲和后面的远山作为背景，构成一幅优美的画卷。站在这里，整个汉江，汉江对岸的城市、山峦，尽收眼底。

　　在公园东次入口，大的空间转换顺借堤内地势、江中岛屿、对岸绵延的山峦，设置了3个不同标高的观景平台。从入口往汉江方向望去，可以看到多个层次的不同景观。处于不同观景平台的人们，会得到不同风景体验和感受。游人可以凝视江面，感受汉江之博大。场地中

湿地景观　湖北襄阳

岸线与远山的呼应　湖北襄阳

的铺装、条石、台阶的走向将人们的视线引向远处的江面和岘山。

　　湿地区紧邻汉江，呈带状分布，震撼的效果则取决于湿地植物的品种选择和量的运用。公园内将种植近两百种野花、野草、湿地植物，体现湿地公园的生物多样性、综合性，形成最激动人心的自然景观。为将自然山水湿地植物发挥到极致，还种植了大片狼尾草，大片芦苇，四季景色各异，尽显湿地的生机与活力。

　　沿江的大片湿地和节奏感强的岛屿分布将湿地与垮江大桥的景观结合起来，使大桥成为景观的一部分。游人穿梭于汉江与湿地之间，体验自然的野性之美。游人可以沿着栈道，走近汉江大桥桥墩，近距离欣赏大桥整齐的线条与壮美的身躯。雨天，游人可在桥下避雨。设计一举多得，将互动性、观赏性与实用性和谐统一。

　　疏林草地区是汉江堤坝与湿地间的过渡地带，在景观处理阶段，充分保护原生林，结合细致的微地形变化，打造相对开敞的草地光影空间。同样是有组织的空间，能让游人在不同的区域感受不一样的视觉景观。原生树保护区的水杉林被全部保留下来，既外在美观，又保留了古老基因。留下这些原生树木，既是大自然的本意，也是人类的需要。原生树种，是大自然多年选择的结果，隐藏着许多至今人类未解的秘密，其存在和延续，对于游赏的人来说，会起到意想不到的启迪作用：在大自然面前，永远心怀敬畏，谦卑行事。

　　月亮湾的形成源于汉江对其千百万年的冲刷，是历史的痕迹。保留、还原历史痕迹，顺应自然，"流水的痕迹"这个概念应运而生，是我们尊重自然的体现。月亮湾的设计除了满足人的游园需要，我们还要考虑到大自然中鸟类、鱼虫等动植物的需求，尊重大自然的选择，尽可能保留大自然中植物的基因库与种子库。这是人工湿地建设中必须遵循的理念。

　　湿地设计要创造不同境界，让有不同生活背景的人，都能心有所依；不仅要满足功能要求，还要绽放艺术魅力。在桥梁、栈道、休闲酒吧等设计细节中，处处体现着对生活的关照，体现着人文情怀。

　　成了湿地样板的月亮湾公园，充分彰显了"一切为了生活"的理念。在各地水生态系统保护与修复中，起到示范引领作用。如今的月亮湾，已与襄阳这座城市，与市民生活紧紧连在一起，它对城市的生态与景观提升效应已然显现。

汉江三桥与河川湿地　湖北襄阳

北外屋顶花园设计及小游园设计

主题小景

坐息空间

心思园（西区）

每一个北京外国语大学的学子或员工都怀揣着一个走向世界，拥抱未来的梦想。学校即是遇见未来，成就梦想的地方。通往心灵的"窗"即是"心思园"构思的来源。窗里的世界：自然、自律、规则；窗外的世界：自由、广阔、绚丽……

千余平方米的屋顶平台就这样成了美丽、健康、舒适的室外活动场所。一个三面由建筑围合，朝东敞开的特殊空间构成了一个大的"窗"，提供了既压抑又明暗对比强烈的视觉空间：窗外的天空和云彩以及美丽的晨光给人以希冀和深邃的情怀。而我们所做的只是用枕木铺就一组动感的线条，将地面与天空相接。

在蓝天与地面的交界处，以象征思想的彩色窗与水景构成主题景观。抽象元素让彩窗更具现代感和想象意味；倒映在几何形的水池中呈现出的斑斓与光辉，预示着欢跃的青春与梦想的力量。在这里，老师们、学子们可以感受到简约的美妙，可以宁静地思考，可以欢畅地交谈。希望它能让人驻足留影，同时留下美好的记忆：在这里接受一次心灵的洗礼，从此有了一个思念的地方……

枕木铺装

铺装与种植

座椅与铺装

湿地水景

花园小景

读书廊架

邂逅园（东区）

师生们常常穿梭于校园的各个角落，却顾不上停下来看看身边的风景。图书馆门前的小花园是每一个北外人都会经过的地方。期待美好的心情和友谊在这里相遇。这是邂逅园的美丽愿景。

在这里你会邂逅清风、树影、听到鸟语和蛙鸣。这里的春天有鲜花静候同学们的晨读；夏日的荫凉会为师生们放松疲惫的身心；秋日的黄昏有夕阳与蝴蝶相伴；冬天的雪夜也有恋人们月光下的浅唱低吟……

希望师生们常来这里坐，与相遇的人问个好，也许会在这里邂逅一场思想的启迪，一个心灵的知己，抑或是一段奇妙的人生……

邂逅园鸟瞰图

自然结构与人工结构的平衡

湿地水域　湖北襄阳

对于风景生态，我们要确立一种认识，即生态是一个生长、发育和循环的过程。在这个漫长的演替过程中，大自然是主角，我们的项目成功与失败最终还得他老人家说了算。

善待大自然，最重要的就是要让大自然去完成它的使命，不是全部由设计师来设计完成，而让大自然没有了发挥的空间。树木需要生长，河流需要呼吸，动物也需要活动的空间。大自然拥有自己的生长结构，自己的生态系统。人不是主宰，不可能把所有的事情都安排好。人类要正确摆好自己的位置，设计师更要如此。设计中有些东西不该做的就不要去做，尽量将大部分留给生态系统本身去完善。

一个项目建成后都有一个很长的发展、变化、生长的过程。在这个过程中，大自然是主宰，一方面人为的干预要符合自然规律。另一个方面，人要知道适可而止。特别是在对待一些生态比较敏感的区域，如风景区、自然保护区等大型场所，人为的干预要保持适当的范围。人为干预过多，势必会造成对大自然的破坏，因为我们对自然的了解毕竟很少，无法把握所做的事情对它的影响。我们应该尽量减少人为的干预，才能让大自然本身有一个成长、发展、变化的空间。这个理念，对

于自然保护、风景区的建设、水源及生态方面的项目有很大的好处。城市建设应该谨慎对待场地上的自然资源。以往都是先毁灭场地内所有自然的东西，也就是"三通一平"，铺上人所需要的交通道路，建起需要的产业，而后才去考虑场地内哪里需要布置一些所谓的"自然"，如公园、花园等。这种做法实际上完全破坏了场地的自然结构，造成了自然结构的断裂，水源不能流通，森林不成体系，鸟类、鱼类及动物失去了迁徙的通道。理想的模式应该是先期做好风景规划，把那些自然的遗迹和生态敏感区域保留下来，使之形成有一定生态结构和平衡能力的体系，然后将人工的设施植入其中，并建立优化、合理的人工结构包括公园、绿地、防护林带及雨洪系统等等，最大程度地将人工与自然结构相结合；最大程度地保护和修缮自然结构。当然每一个城市都有非常庞大的人工设施，且无法将所有的自然资源保护起来，这就要求我们找到一种平衡，特别是要将一些自然的水系、湖泊、湿地及鸟类、动物重要的栖息地等进行保护，建立好生态廊道，在此基础之上再布置道路交通、工厂及其他产业，包括人类的居住等城市功能。只有这样才能使自然结构最大限度发挥它的生态功能。

花田　湖北襄阳

湿地栈道　湖北襄阳

全面解读城市生态

河滩 吉林松花江

什么是生态？不同职业、不同教育背景的人都会给出不一样的定义。为什么要提生态？因为它越来越糟，好生态在与我们渐行渐远。在没有人类之前，整个地球，那是最生态的。可以说全世界破坏生态最厉害的就是人。所有生态问题都是因为有了人以后才出现的。但是如果把所有问题都归结于人，认为有了人类，就不可能有生态了，那也不对，因为人本身就是地球生态系统中的一部分。我们的祖先经历了那么多年跟自然的和谐共处，也没有出现今天这么多的生态问题。应该相信生态问题是可以解决的。近几百年，尤其是近几十年，整

个地球发生了非常大的变化，原因是什么？一方面是经济的快速发展，人的欲望越来越多，越来越难以满足。另一方面，我们会为很多不必要的事情来破坏我们的自然环境，为一些很小的眼前利益而无视子孙后代的长远利益，侵害人类的生存空间。

那么该如何真正解决城市的生态问题？相信很多人都对我国城市的品质感到忧虑，其原因是，这些年来，政府在城市建设方面花的钱不少，从建筑、规划、生态环保、园林景观等各个方面，已经投入了很多，但是结果却非常令人不满意。城市还是非常糟糕。作为一名风景设计师，我甚至一度怀疑我们正在做的事业是否正确？是不是真正对城市的生态和生活有积极的意义？这个困惑让我心里很不平静。我们不能做了一辈子设计，结果一事无成。

要解决这个问题，就得搞清楚什么是生态，我们所做的一切是否符合生态规律？过去我们对生态的认识非常浅薄，没有真正认识到，生态是一个互相关联的大系统，任何一个个体都与群体相关联，是一个完整的结构。每一种生物、每一个群体都能在这个链条中找到自己生存的空间，并能够同时为其他的物种和群体提供相互补充的生活资源和能量。我们做生态的目的就是把这些相关元素拢到一起，将所有的事物以及事物之间的关系、层次、结构理清晰。生态系统之内的各个元素依靠单打独斗，不能系统地解决问题，是无法构建完整的生态链条的，比如水不能与湿地割裂，鸟类不能没有树木，昆虫离不开花卉草木……这就是空间生态最本质的含义。

一、对城市生态的理解

谈到生态，就不得不反思整个人类的发展历史，时

常自省人类过去的一些愚蠢的破坏行动，才能对生态有更完整的认识，避免一条道走到黑。

第一，要认清生态是一个系统的问题，而不是哪一个行业、哪一个部门独立为之就可以整顿好的。现在许多人都在对生态夸夸其谈，看似谁都有办法解决生态问题，但现实又怎样？目前还没有统一协调生态的机构，我们无法系统地处理好生态链条中相关联的关键问题。生态是一个多行业联合，相互合作、互相制约、互相支撑，最终达到共赢的思想理念、工作方式和发展过程。如果只有从事园林景观行业的人讲生态，根本解决不了城市的生态问题！就像2014年北京召开APEC会议期间出现的蓝天白云，就是一个很好的例证。虽然过去许多年，我们集合了全国最大的资源，改变城市规划、治理河道，修建生态廊道，可是北京的空气质量依然得不到解决。APEC期间，政府一句话，工厂停工，车辆限行，一下子蓝天就来了。治理城市污染，首先得解决污染源的问题，也就是说，城市规划要改变、产业布局要调整、生产工艺要创新、污染企业要关停等等。如果城市继续摊大饼，工业围城不改变，所有的湿地没了，鸟没有了，虫没有了，微生物没有了，地下水也不见了，整个生态系统就无法运行。再加上没有部门之间的相互合作，生态也就无从谈起。交通部门与园林部门难沟通；城规部门与水利部门难协调；水利部门对园林部门难理解；这样，大家各行其道，生态如何能协调好？又何来相宜的生态环境？生态需要各行各业的协同合作。

第二，生态是法律、法规问题。各行业的工作，各部门之间的配合不能光靠自律，不管你有多大能耐，有多聪明，都得依照法律行事，才是硬道理。把海绵城市说得天花乱坠，它是技术问题吗？是靠自律可以实现的吗？根本不是，得靠立法！如果国家以立法的形式颁布海绵城市条例，就一定能解决这个问题。在管理、政策

和法规没建立起来的时候，我们的生态是没有保障的。光靠一些设计师天天呼吁、研究雨水怎么收集，没有用。开发商一句话说国家没有要求，我不做，那你就是做不成。因为做了要多花钱，占用土地，增加成本，而对房子的价格没有提升作用。在市政项目里，如果做出来以后跟形象工程没什么关系，可能还不怎么好看，领导不喜欢项目就会泡汤。因此生态建设的推进一定要依靠政策和国家法律作为保障。

第三，生态是管理问题。我们的城市现在缺乏专业化的管理。城市管理是一门艺术，也是一门技术。我们国家的城市管理还很落后，政府部门都是权力机构，缺少专业管理的职能。美国的规划跟中国的规划有什么不一样？美国规划局全是专业管理，维护法律，合法就批，不合法一概不批。生态管理不能靠行政命令去实现。政府部门需要真正懂生态的专业人员、需要有能力协调各部门的管理人员和维护运行的技术人员，才能真正下好生态这盘棋。

第四，生态是政治问题。生态的事情，有时候牵扯到的是多方的利益；有不同商业的利益，或者不同人群的利益、种族的利益以及政府各部门之间的利益关系。这些利益很多时候是需要通过博弈、需要通过探讨、需要通过互相沟通才能解决的。比如园林景观最大的问题是跟水利的关系，我们国家的城市河流基本都不是生态的，可是河流归水利部门管，园林部门没权力介入河道。我们只是常常被邀请去给它穿衣戴帽做点装饰而已。水利部门把河道修直了，打上了混凝土，然后叫我们去打扮，并且说河堤不能做任何改动。看着直挺挺的河床，其实这个时候我们已无回天之力；既没办法让它漂亮，也不能让它生态，因为河流已经死亡，即便妆化出来后还是条死河，这让人很无奈。如果能够把各方权力、利益都平衡了，我们的生态就会为全体人民服务，

而不是为某一个利益集团、某一个开发商服务，是为所有享用这个土地的人服务。

二、城市生态问题的症结

我们要找到问题的症结在哪里，才能针对污染提出具体的解决办法。要认识什么是我们能做的，什么是我们做不了的，需要其他的部门、行业的努力。在我们能做的这些方面，有哪些可行的办法？像汽车尾气、工业污水、医院病毒、田地里的农药……这些源头是污染最重要的方面，我们做设计的没有办法解决。这些问题需要靠法律法规，各类行业规范制度，依靠政府的管理来解决。

现在我们最关心的，也是我们最有能力解决的，是土壤污染和水污染，及一部分的空气污染。其中最重要的是水污染。

国家现在关于治理水生态这一方面，存在着以下几个主要的问题：

（一）人才缺失

城市建设是一个非常综合的、复杂的事业。多行业的合作和解决问题的方法、管理机制是城市建设成功的关键。复合型人才的培养也特别重要。

国外有个专业叫市政工程，也就是civil engineering，这个学科主要是针对城市建设的方方面面，有关乎建筑的工程、雨洪管理工程、给排水工程、道路、电力以及竖向设计、材料使用等等各方面的市政问题。而我们国家一直把这个关于城市建设的专业内容分散到了不同的领域里面，比如建筑是个单独的系统，交通部门又是一个独立的管理机构。我们国家以前是靠政府的"部"来统领学校，学校设置的专业归这一部门来管理，每一部

门自己管理自己。唯独生态专业找不到落脚点，因为生态是个交叉于各专业之间的边缘学科，是可以融会贯通把各个部门都关联起来的学科，不是独立的存在。如果我们在培养人才的时候，各专业学习的知识面很窄，都是门户之见，结构专业只管结构、给排水专业只考虑给排水，跟其他的专业不相干，那样就做不好生态工程。

生态工程是个复合工程，必须把各个不同的市政建设的方方面面糅合起来才能做好。现在这个专业在国外发展得已经非常完善和庞大，而且不断在加入新的内容。比如，加入了自然资源管理，环境规划（环境工程在我们国家更多的是环保，比如重金属处理，污水处理等等，那是环保工程），他们把自然资源管理以及一些跟环保相关的内容，也纳入到这个civil engineering以后，处理问题的能力就更强了，既可以服务于建筑来做好一栋房子的设计，也可以服务于城市的道路，把道路的设计做好，把河流防洪做好，把雨水管理做好。所有这些都属于civil engineering的工作。这个专业的工作综合性特别强，基本上与风景、规划、建筑的任何项目都有合作，有关市政建设的任何项目都要有他们的配合。建筑师离不开civil engineering，风景设计师离不开civil engineering，做规划的人也离不开civil engineering，因为它能把工程技术，把生态技术、环保技术应用到整个城市建设里面去。

因此教育上面的缺失，是我们人才培养的关键。我们的人才分工太细，专业化太强，都支离破碎了。这个是一个急需要解决的问题。

（二）管理制度及法律缺失

（1）我们国家的管理模式，还有待改善使之适应生态建设的需要，各部门之间的合作是问题的关键。比如我们河道属于水利部门管，道路属于交通部门管，其他部门就不好介入，互相之间的穿插和合作没有建立起

水利灌溉　云南腾冲

防洪设施　缅甸

来。每个项目，发包单位属于哪个部门，就有权处理所有的事情，可以不跟其他部门沟通、不经其他部门同意，导致了所有的项目难以协调、融合，而这种综合性的协调和融合正是生态所必需的。

我们的城市规划，属于城建部门，而城建部门协调不了水利部门，水利部门也协调不了环保部门。现在很多地方，把城建和园林分开，或者园林属于城建的下属单位，这种关系导致了他们的不协调，不融合。规划做完了之后，再来做所谓的风景设计，这是非常不理智，没有效率的工作模式。大家为什么就不能坐在一起讨

论，一同推进规划呢？部门之间的不协调、不配合、不理解，导致我们的生态建设不能顺畅地进行。

（2）国家的法律法规非常的不健全，特别是有关城市生态这一领域。污染物的排放虽然有惩罚制度，但管理力度不够，还是有大量的漏网之鱼。没有执法，没有检测，所以导致了很多的污染还是源源不断地流到我们的河流、湿地、城市的公共空间里面，甚至没有人为此承担责任。

法律法规的不完善导致了污染盛行。简单举个例子，美国有个法律，是关于雨洪管理，每个开发商开发

的每块地，不管你建多少房子，修多少路，都要求做到雨水平衡。只要这个地方的雨洪计算做不到平衡就必须在场地里面修蓄水池，多余的雨水不允许流到其他人的场地去。做不到雨水平衡就必须用其他的方法来解决或者补偿，雨水流入市政管网要付钱。如果市政管网禁止排放，有可能被要求在停车场、建筑物下面修地下的蓄水系统。这个法律，针对每一个项目。只要有类似这样的法律，就会让所有的开发项目按照规则执行，就能够解决雨水管理的大问题。

我们现在的现状是开发商想做就做，不做你也没办法，国家没有一个成体系的制度去约束。制度能够一视同仁，对任何人，任何项目，公平奖惩，才真能够解决问题，靠个人自律往往于事无补。

（三）城市管理的专业化

政府职能需要一个比较大的转变，才能更好地服务于城市。现在有些地方开始成立了所谓的市政管理局，既做管理又行使权力，但实际上的技术力量是非常弱，真正的专业人员比较少，不能为城市的维护管理做好服务工作。这个问题就有待于政府职能转化，把服务意识确立起来，把专业化的管理真正的做起来。这样城市的绿地、生态湿地才不会被荒废掉。有很多项目我们投入了大量的资金，如公园、湿地、河道等重点项目。可只要养护期一过，后期通常缺乏专业的技术人员来维护，项目一天天走向衰败，所谓的重复建设正是如此。没有经营、没有维护，项目整个就衰败了。

生态的问题其实是一个管理问题。

（1）从管理模式来看：

我们做的很多项目没有形成好的生态效益，原因就是我们跟城市的很多相关部门缺乏合作。风景建设与规划、市政、交通、建筑、水利等城市部门相互之间的割裂导致不能相互补充，所以没有形成生态效益，并导致巨大的资源浪费。政府的职能部门和行业企业主体进行对接和对话，是解决城市生态的关键，所以提出三位一体的管理模式，即规划设计、产业分类及管理运营的三合一。我们都知道西方有些国家的生态做得很好，不是他们的技术先进或是他们花钱很多，其实在很大程度上是他们管理的到位。

（2）从规划设计角度来看：

即使我们的设计方案做得非常完美，但是由于上位规划的限制，或者因为招商、工程以及其他分项设计等多方的复杂关系，好的设计理念很难落地，很多时候只能充当一个打补丁的角色。如果我们把规划、建筑、市政、水利、交通等城市建设的各个部门融合一起通盘考虑，在项目设计之初就进行统一管理和协调，设计之间互相融合，形成互相联系的有机整体，就能保证在设计层面实现生态效益的最大化。

（3）从产业细分角度来看：

景观设计与其他产业也是相互脱节的。水利、市政、交通等都是各自独立的体系。他们分别有自己的工程系统规范，这些规范和园林景观的体系没有交集，这种脱节导致在具体项目操作上，分开投标，分项施工，让我们很多门外的工程没办法延伸进去。举例来说，水利部门的人先行介入了河道的水利建设，把堤坝建立起来，按照防洪堤要求，景观设计师没法在堤坝以内建任何一座设施，甚至不可以栽一棵树。从水利部门的角度，他们会认为这些会阻碍防洪。这就给我们下一步做景观和生态的人带来极大的障碍。类似这种情况，一个行业完全制约了另外一个行业发展，限制了景观设计师能够有任何发挥的空间，其后果就是"生态"无处安身。如果不能解决这个问题，河流和湖泊生态就没办法构建起来。

自然河滩　新西兰

只有将水利工程、市政工程、景观工程、交通工程在项目上进行有机结合和综合考虑，才能实现各方面的和谐共同发展。市政建设和水利建设等都把生态作为优先原则进行考虑，在工程产业方面进行整合。把国家标准、资质进行全新组合，城市建设项目不再是单一的水利、园林或者道路项目，而是综合性的生态项目，这样才能避免行业之间的相互制约。

（4）从管理运营角度来看：

我国的政府职能部门之间的分工决定了项目运营管理的分门别类。水利部门管河流湖泊，环保部门管垃圾和污染，风景园林部门管公园和绿地，部分重叠区域的管理由谁来主导得由市长来决定。这种运营机制导致风景项目是在水利部门和规划部门做完之后进行。风景设计师在进行景观设计和施工过程中，这种关系限制景观项目的发挥空间。所以政府或管理机构的统筹协调是关键，要打破目前的体制使之更有效地服务于生态建设。加上法律体制的健全，我们才能真正管好我们的城市。

对政府相关的城市管理部门的职能进行重新划分、合并或者改组，在具体项目的操作上，市政建设部门、园林部门、环保部门、水利部门等所有利益相关部门组成专项项目小组，一起办公，一起讨论，提高项目的运营效率。

人工湿地　湖北襄阳

（四）土壤湿地普查工作的缺失

土壤普查工作目前做得远远不够。生态一方面就是要保护好现有的土地资源，包括河流、湿地、森林等等。其中湿地的作用非常重要，它滋养着一个地区的地下水，也是保护清洁水的必要场所。如果没有湿地，水体就会失去自净能力，就会被污染。决定湿地根本因素的是土壤。在很多情况下我们的肉眼是分不清什么是湿地、什么不是湿地的。所以全面的土壤普查能帮助我们确定湿地的空间范围。

我们国家至今没有一张完整的地图能够标出所有的自然湿地、人工湿地的位置和范围，导致我们都不知道哪里有湿地。目前城市建设速度非常快，每年有大量的土地被开发建设，如果不及时给出湿地范围的话，湿地就会在这样的建设中消失，加之大量的河流被水利部门修直，河滩由湿地变成了高墙。因此对湿地基本情况的调查是迫在眉睫。只有对基本情况了解后，才可以进行立法，通过立法规定河流不允许做防渗处理（因为做了防渗处理就不是湿地了），不准筑橡胶坝，搞小水电、水库建设，必须给水体留出足够的消落带，保护好河滩湿地，不在河滩湿地上建坝筑堤。只有通过立法才能把湿地保护起来，形成完善的湿地系统。所以土壤普查、湿地的保护和分类是紧密联系的，缺一不可。

（五）测量部门资料公开化问题

我们国家的测量部门，大多自成一个体系，跟其他建设部门的协作关系略逊，基本上是商务关系、利益关系。一方面有很多资料需要大量的钱来购买，增加了项目成本；另一方面有些东西有钱还买不到，还属于国家机密。但GIS的信息大多数国家都是公开的，包括欧洲，美国GIS的信息基本都是透明的，因为现在卫星技术发达，地球上任何一个物体只要几十厘米的尺寸，都能够看得很清楚，保密的意义何在？这些资料对于我们规划建

设却有非常大的影响。GIS通过计算机处理，能得出一些我们想象不到的结果，能帮助我们做规划，帮助我们更宏观地看待一个地方综合的、复杂的经济状况以及与自然资源的关系，帮助我们清楚有效地认识土地的特性，并作出开发利用及保护方法的决策。如果没有GIS，我们的分析能力会受到影响。所以应该把GIS广泛应用到规划设计中去。

（六）产业布局的不合理

工业生产仍然是现阶段我国经济的一个非常重要的组成部分，同时城市土地、水体及空气污染都是历史上最严重的时期。我们需要建立以省市为基本单元，乃至在全国范围内统筹产业的分布，让一些优质的农业区尽可能不搞工业，以保证食品安全。工业相对集中更有利于资源整合、互补和调配，可以节约资源，减少浪费，对于污染治理也更容易控制，可以集中投入、大规模整治。如果每个地方都是以GDP为导向，以工业化为主体，那还谈何保护我们的粮食生产？

（七）农业生态保护的偏失

把农业当作景观为城市美化、市民观光休闲服务的做法越来越普遍，让人不免对食品安全和城乡规划产生一定的质疑和焦虑。在农村建城镇或把农业引进城市的做法至少在目前的情况下很难行。城市与农村交叉污染实际上比我们想象的难处理得多。一方面我们应该通过立法来保障农业用地及其周边环境，与污染源隔离，避免城市工业与农业用地直接接触。另一方面也要限制化肥、农药的使用，减少工业排放，确保食品安全。城市与农业之间的协调共生，不是纸上谈兵，它关系人民生活的安全，应该成为当今民生工程的重要关注点，绝非小事一桩。

农村景观 浙江

三、治理城市水生态的途径

　　抓住生态的主要问题，实现多学科综合治理。"三位一体"是指在技术层面的三位一体，城市的生态问题最关键的部分就是水资源的管理、污染的治理及景观工程，这三者的协调融合是治理城市污染、改善生态环境、提高生活质量的基本保障。

　　水是一切生态的基础，所以抓生态必须从水抓起。从水源地的保护、防洪排涝、雨水收集、地下水回灌、提高水的自净能力等等都是一套完整的生态工程体系。其次是水污染的治理。城市的污水是导致生态危机的关键因素，治水必须治污，没有好的治污系统，我们的水生态系统就无法维持。有了前面两项作为水生态的工程保障，景观才可能有创造美好生活环境、提高生活质量的发展空间。同时，一个好的景观体系又是保障水资源循环使用的根本。没有景观，水资源就无法得到保护，城市建设就会对环境带来负面的影响。这三者相辅相成，不可以割裂开来。

河道景观 湖北襄阳

水生态 湖北襄阳

水景观 斯里兰卡

被渠化的河流

所以，在将雨洪管理、污染治理和景观系统三个层面整合到一起通盘考虑，解决城市整体的规划、污染治理和开发建设需求；同时在项目实施过程中，在组织保障方面，把规划设计、产业结构和运营管理三方面进行统一规划和协调，才能从宏观的层面解决城市的生态问题，只有这样做出来的景观不仅美丽，而且生态环保；不仅能够解决城市的雨洪问题，还能够保障城市安全，同步实现经济效益、社会效益和生态效益。

解决城市的生态问题，关键就是认识到生态是一个相互关联的大系统，任何一个个体都与群体相关联，是一个完整的结构。

虽然我们既管不了源头，也管不了城市的权力和管理部门，但我们从规划设计方面也要有所作为。

我们对水生态治理和对水生态文明的认识是逐步深入的过程。从过去的水患、水利建设到今天的水生态综合治理，这是一个新文明时代的开始。

对于大多数中国城市来说，河流是我们的母亲河。有了河流就有了人类的居住，人们择水而逐、伴水而居的历史使得我们对河流有非常深厚的感情。

可是，当城市变得越来越大，需要越来越多的建设用地的时候，我们就开始与河流争地盘，大量的河滩地被占用，河流两侧建起了防洪堤，让水只能在防洪堤内通过，河流实际上就变成了一个泄洪渠道。

目前大多数的中国城市河流都已经硬质化了，堤坝都已经加高了，这已经成为全国各地无论大小的城市河流的基本模式。河道的风景生态，因为受制于防洪、市政建设的需要，从来都是在百般无奈中苟且。

河流的问题不是一个简单的水利问题，它关系到人民的生活，一个城市的形象，甚至是一个城市软实力的展现。如果哪个地方河流做烂了，这个城市的生态和景观往往也就烂了，如果河流做得很好，这个城市就有鲜明的特征，就有很好的宜居条件。

然而怎样解决我们现状河流的问题，把河流曾经拥有的生态和美好带回到城市，就是我们现在急待解决的水生态的问题。

（一）最重要的是宏观规划

我们要从宏观的角度，从一个流域的角度来看待

宁静自然的森林景观　斯里兰卡

人工湿地　湖北襄阳

水资源的保护，因为一个流域是一个整体，任何一个流域的水，不管离河有多远，只要属于这个流域，都跟这条河发生联系。我们过去只讨论河流两边的防洪，只要城市安全泄洪就可以了。一条河流的生命实际上是跟周围很多地域相关的，水涨水落需要场地，滩涂地原来就是自然形成的河床湿地。如果只注重防洪，把河水都排走了，城市的地下水，河流两边的生物栖息地，便会消失，就导致了河流生态水平的下降。因此，要解决水的治理问题，就一定要在宏观区域范围之内，划定水的生态红线，然后要跟城市规划，跟景观，跟防洪，跟生态紧密地结合起来统筹治理，提出综合治理这样一个解决途径，要让规划、产业、市政、水利、景观等相关部门相互之间进行补充和衔接，既保证防洪，同时又保证生态、城市规划、土地利用等各个方面做到最大效益化，这是第一个解决问题的关键。

我相信今天的水利部门也在转型，不再是单一的以防洪排涝为目标，可是要做好河流的生态，必须通过多方协作，才能取得实质性的改变。

（二）重新认识湿地与系统重建

我们有自然湿地和人工湿地。自然湿地是非常脆弱、宝贵的资源。如果不很好地保护自然湿地，我们整个国家的生态在很短的时间内就会坍塌。没有湿地这个"绿肺"的自净作用，我们的清洁水源就会受到极大的威胁，清洁水源受到影响之后就会危及我们的农业、森林、动物、城市空气，甚至人的饮用水。保护自然湿地，不让它受污染物的侵蚀，这是一个很重要的理念。业内有个错误的认识，听说好像湿地是可以净化水的，以为把污水排进湿地，经过湿地过滤就能得到清洁水。生态湿地是保护清洁水的，不是净化水的。在自然界我们的水体如果没有湿地的保护，它同样会被来自微生物、昆虫等生物的侵害。湿地系统能够有效地平衡这种生态关系，不让清洁水受到污染。即使有点污染，利用自身的自净能力可以净化水源。湿地不是污水的净化器。自然湿地不是为了处理污水而存在。我们应该立法，禁止污水排入自然湿地。

人工湿地现在建得越来越多，有些是因为污水处理厂的处理能力有限，技术上极难实现把污水从五类水变成二类水。经过处理厂出来的水通常还是五类水或四类水。在这种情况下要经过湿地进一步的净化，使之变成三类水。在这种情况之下，通过人工湿地技艺处理污水是可行的。但是人工湿地是一定要经过检测，经过人工控制，一定要保证它有净化的作用。同时，要通过有效管控，保证它不会污染我们的农业，不会污染我们的鸟

自然湿地　湖北襄阳

类，不会污染我们人类。所以人工湿地的管理和控制是非常重要的。人工湿地对氮、磷等农业面源污染的处理效果比较显而易见，但对于一些重金属，以及一些化工污染、医疗设施的污染是不能胜任的。那些所谓一公顷湿地可以把严重污染的水体或中水提升到三类水，每公顷湿地每天可以净化800立方米的说法是没有根据的，而且错误地引导了对湿地功能的理解。人工湿地长期使用会发生堵塞、退化等多种问题，需要及时维护、升级，以确保其有效运作。

建立和保护湿地的主要目的不是为了处理污水，而是为了保护清洁水。建立湿地进一步改善从污水处理厂出来的污水是件不得已而为之的事情。处理污水的重点一定是在污水处理厂而不是让湿地取而代之。

用污水来供给生产性景观，或者说用生产性景观来处理污水，就更加错误了。除非明确知道污水是单一的氮肥、磷肥、钾肥等单一的污染，否则在污水中生长出来的粮食将没有安全保障。我们的工业污染、生活污水通常都不是单一的污染物，决不能把"生产粮食"与湿地联系起来。

城市土壤、水源污染严重，基本不符合农业生产条件。这也是我反对在城市里种稻子、种蔬菜的主要原因。在城市水源和土壤没有安全保障前提下，"都市农业"基本是个伪命题。相反，我们应隔离农村与城市，需要在城市与农业之间设置森林隔离带，让污染远离我们的食物。

（三）生态修复并非易事

对于那些已经被污染的区域进行生态修复和污染治理是一门技术性强的工作，并不是拆了工厂，种上植物那么简单。对于棕地的修复，首要的任务是检测出污染物，我们要知道问题的所在，然后才能根据不同的污染物制定不同的处理方案。对于那些严重影响地下水的重金属和生物生化污染必须通过换土、隔离、焚烧等措施才能有效解决。然后才能通过规划设计将这些场地置入新的产业使土地恢复生机，可以同时达到生态治理与生态开发相结合的目的。

（四）全面推行低影响开发的模式

最优秀的设计师懂得集约利用土地资源，无论从大规模的城市开发到任何一个小项目的建设。如果我们能够做到雨水平衡、最大程度地保护好湿地和水域，以节能低碳为建设的标准，我们的生活环境就真正实现可持续发展的目标。

河流的生命

水源林　新疆喀纳斯

现今中国城市河流的主要功能基本上都被防洪绑架了。工程师们修堤坝、建水闸，尽可能地将河道裁弯取直；只有一件事常常被忽视，那就是河流的生命。

由于城市的不断扩张，用地匮乏，城市建设占用了大量河道。用堤坝的方式缩减河道宽度，利用堤坝来解决雨洪期河流的行洪问题，成了城市河流的宿命。那些高高大大的堤坝虽然保障了我们的生命财产安全，却使河流失去了活力，成了一条条混凝土水渠。河流失去了原来属于它们的领地，没有了呼吸的空间，也就失去了生命力。我国的大多数城市现在都面临着这样严峻的困局：名义上的"母亲河"，实则是一条条丑陋的、毫无生命力的泄洪渠。怎样让城市河流焕发新的生命力；在保障防洪的同时，又能够使其回到真正健康、可呼吸的河流？这是我们现阶段必须尽快解决的问题。

河流的生命首先来自于清洁的水源。河流无论大小都是由一定区域范围内的雨水及地下水溢流汇聚而成。除了那些空间污染特别严重的地区，天上降落的雨水原本都是干净的；落到地面后，如果地面污浊，雨水就会带着污染物渗入地下，汇入河流，这就是我们常说的面源污染。农业、工业、城市街道都是面源污染的重要来源。

居民的生活污水、工厂和医院的废水构成污水点源污染的主要来源。过去因为环境意识淡薄，受经济利益的驱使，大量的污水直接排入河流。此外很多城市的污水、雨水管网的合流导致了原本干净的雨水受到了污染，因而从质上、量上都增加了水处理的难度。

一、水污染的治理必须从以下几个方面入手

1.确立流域范围内污染源的控制。河流的水质状况依赖于我们对周围污染源的治理。从截污管网的设置、污水处理厂的提档升级，到生态湿地系统的建立等等，都应该有效地阻止污水直接汇入河流的现状。

2.建立源头水源涵养林。大部分河流都发源于边远的山区。由于森林破坏导致了水土流失、水源涵养能力急剧下降。失去涵养能力的河流就会出现雨季洪水泛滥、旱季干涸缺水的局面。因此，我们要有源头治本的意识，治理洪涝干旱的根本在源头的森林恢复，而不是河堤无休止地加高加固。

荒野河谷 新西兰

3.雨污分流。城市雨水和污水合流使得污水治理难上加难。对于一个年降水量1000mm的城市，按100km²的市域面积计算，每年的降雨就是1000万吨！不算城市外部汇入的水量，这1000万吨的水，如果弄脏了，要经过处理就要建100个10万吨级的污水处理厂。这是一个很令人恐惧的数字！而实际上我们的污水处理厂处理效率还很低，通常是劣五类进去，劣五类或五类水出来。能达到三、四类水质排放标准的很少。这里我们无须再进一步赘述雨污分流的重要性。基本上可以说，任何地方都要考虑雨污分流。

4.污水治理要因地制宜、合理规划。每个地方的污染状况都不同，需要相应的解决办法。污水处理厂的设置是分散还是集中，要根据污染源的空间分布、污染物的种类、地方经济能力来确定。总的原则应该是简单实用，且经济高效。

通常我们的工程师不太擅长打破常规的创造性规划：从空间综合规划上入手去解决洪涝问题，而不局限于以针对问题为导向、就事论事的工程思维。事实上，合理的空间规划，通过分洪、滞留、调蓄是更生态、更有效益的防洪抗旱方式。

二、河滩生态的修复

有了清洁的水源，不等于我们就有了河流的生命。一条河流少则几公里，多则上千公里，其生命的张力既是空间上的，也是时间上的动态历程。河流经过的每一片土地都应该充满生命的期待和无尽的遐想；每一次的潮涨潮落都孕育着生命；每一个激流险滩都是鱼儿和鸟儿们的欢乐家园，也是河流的生命乐章。河床是河流赖以生存的空间；其中河滩湿地得以保护、重建，符合生态规律是河流生态的第一要素。那些把河滩城市公园化，伤害生态河滩湿地的做法都是不可取的。

在城市中最能实现"荒野"景观的地方就是河滩。每年的洪水涨落都会造就一些滩涂湿地景观。如果我们不去干预，便在无形中产生了不可多得的城市"自然"景色。虽然它没有彻底脱离人工干预，但也难能可贵。

跨河桥梁　新西兰

三、滨河生态景观的塑造

人类逐水而居造就了无数的滨河城市、村庄。河流的生命与人们生活紧密交织，成为不可分离的一部分。创造生态宜居、繁荣美丽的滨水景观，也就成了河流新的生活方式。河流的生态当然不排斥人的活动。过去多少代的人类文明发展也没有践踏、破坏河流，只是近代才出现了不少棘手的问题。世界多地不乏城市与河流交相辉映的案例，很是值得我们用心借鉴。

做好河流生态景观的原则不外乎如下几个方面：

1.河流治理不是单纯的水利，也不是单纯的景观。河流生态是一个复杂的系统问题。必须综合各方面的专业技术力量将水利、水生态、景观规划、旅游、经济、城市管理等协调到同一个平台上，有效合作才是解决问题的关键。

2.河流的问题基本上都是跨区域、跨省份，有的甚至跨国界。因此区域间或国家间的合作极其重要。流域的生态连续性是河流的基本特征。地区间协调好经济利益，共同维护河流的生态才可能保障河流的生态安全。

3.治理河流需要多方协调，也更需要创造性思维。特别是城市河流，更多的是与规划、景观空间结构相关，需要通过设计去解决水利、水生态问题，而不是依靠工程处理等老思路，对水进行围追堵截。例如通过分流、蓄洪解决洪水问题；通过低影响开发的手段解决干旱、枯水期缺水的问题。

要避免将城市"母亲河"演变成城市泄洪通道，我们急需改变传统的思维方式，全面系统地从空间规划上找出路。

当城市中只有一条受到建筑挤压的河道时，雨季大量的洪水从城市当中通过，势必要修建很高的堤坝。河越窄，坝越高，就是这么一个简单的数学问题。过水断面是计算出来的，在河床不够大时，就要加高堤坝，这似乎成了唯一的选择。可是我们的规划师们如果建立一些支流来分散主河道的承载能力，使洪水到来时可以进行分流，既可分担主河道的承载能力，又可为城市增添新的水系景观，同时为补充地下水源提供了更多的空间。雨水通过这些支流进行分散，洪峰期的水位就会下降，堤坝也就可以降低或完全去掉。河岸就可以建成生

滨海沙滩　厦门

眺望高山　斯里兰卡

态的驳岸。水生植物和动物就可以在此栖息、生存，形成一个真正生态的水廊，成为与市民互动的河流。

河道流域范围内的雨水作为自然水系的主要来源，应该尽可能多地将它留存在城市当中。大多数的情况下，我们的城市并不是水太多，需要排放出去，而是许多城市面临着缺水。这样就更需要我们尽可能地将水留在城市中，以湖泊、池塘等方式，将雨水进行汇集、储存，使其服务于城市，而不是轻易地排走它。我们应该在城市设立更多的储水系统，建立洪水的临时停留地，用来补充城市地下水源。

雨水落到地面有渗透，有地表径流，逐渐汇成溪流、湖泊，最后汇入河流、大海……这是正常的雨水循环过程。当我们的城市改变了地表结构以后，这个过程完全被打破了。自然场地对雨水的渗透率基本上达到98%，只有很少的一部分是地表径流。但是我们看看城市，50%以上都是地表流走，很少的一部分能够渗到地下。过去我们对雨水缺少足够的重视，都用管道把它排走，认为它是洪水猛兽。其实我们每天都靠水生活。但人类为了解决城市洪水的问题仅靠管道排水，把水从大面积的城市空间里肆意地排到河流里去……我们对待雨水就像对待粪便一样简单。结果是什么？地下水位在逐年下降：降到我们都不知道这些珍贵的水资源去了哪儿。与此同时，洪水开始泛滥……为什么？我们的城市已经不能蓄水，大量的洪水季节带来的雨水，落下后用管道直接到了河流里。河流水位便开始上涨，造成了洪水泛滥。硬质地面，水是无法下渗的。我们看到国内大多数有河流的城市都在做景观，都在做河堤，都在把水控制在一个很小的管道里。而在其他国家，为什么很难看到大堤？因为这些都得益于他们的立法，来平衡建设场地因雨水引发的问题。他们不允许把雨水随便排入管道。

因为有法律的维护，开发商必须做蓄水池，保证雨水平衡。哪个项目做了硬化的地面，建了房子，铺了道路，你就得做蓄水池。雨水如果流到其他人的场地里，便是违法。如果我国也立这样的法律法规，所有的开发项目和每一个开发商在同一个平台上竞争，全部的问题都依靠法律就能把雨水问题处置得当。所以我们呼吁国家尽快立法，让开发项目也能够做到雨水平衡，能够让我们的城市真正拥有生态的基础。这样我们的河流就不会受到来自城市生产、生活的污水威胁。

城市的河流是多么的珍贵，如果我们不好好保护它，人所依赖的自然水资源就会慢慢地消失。如果我们把自然河流湖泊看成城市的一级水系，那么城市建设用地内部可以建立雨水收集系统，作为二级水系。有了二级网络，城市里面的雨水能够通过绿地空间把水蓄存在城市中，形成蓄水的池子，让水找到它理应去的地方。三级网络在社区里形成一些雨水收集系统。一条很小的绿化带或透水铺装，就能使社区内的滞洪池收集雨水。一方面可以渗透到地下，另一方面可以形成漂亮的蓄水景观。蓄水系统增加了城市水景，也为城市生态带来好的效益。建立城市生态雨洪调蓄系统是系统工程，通过城市绿地、河沟、池塘及城市广场等公共空间，形成一个完整的城市水循环系统。它可以有效地补充城市地下水，建立生态水环境，从而达到雨水平衡。

我们应该更多地站在河流的立场上，对河流生态进行深入研究。试想一下，洪水期的水有地方可去；枯水期的水有来源，城市河流可以做到没有堤防，那么我们的母亲河就有可能成为一条生态的河流。我们的城市就会有一个亲水的公共空间带，一条生机盎然的城市生活走廊！这样我们的河流才算是真正恢复往昔的生机，为城市人创造一个生态而美丽的生活环境。

绿道

绿道包含多层含义。从道路两侧栽种行道树，到现在标准化的绿道建设经历了巨大的变革，国内外更是不乏经典之作，尤其是在国外，一些道路景观非常生态，非常漂亮。过去栽种行道树，除了要求景观优美，营造良好的交通环境，主要目的是利于周边场地的开发。如今，随着人们对绿道的研究和认识逐渐深入，对其价值的关注点也上升到城市整体生态甚至国土资源的层面。眼光高了，寄予的希望和要求自然也就更多。

绿道的概念应包含几个层面的内容：首先，它是一种风景廊道。长期以来，国内对于绿道的重视也有很大程度聚焦于此。不论是行道树、带状公园，还是其他形式的绿地，都是当作风景廊道来看待——给人带来良好的视觉享受，满足人们的休闲需求，同时丰富着城市风景。绿道的种植形式或在道路两侧或在道路中间，从不同的截面呈现优美的景致。总之，风景廊道为人们提供视觉、休闲等方面的服务。

随后，生态廊道的概念出现，它是目前全社会关注比较集中的话题，对于城市生态具有更大的影响。生态廊道不只为人提供服务，其发挥着一个极为重要的生态功能——连接不同的生态群落。从湿地到河流、公园、自然山川、湖泊等，绿道将它们逐个串联，形成网络。生态廊道在很大程度上是为了植物、动物、水流、通风、采光等自然环境所设置。家族观念不仅存在于人类，动植物也是一样。生态廊道为动植物"日常生活"提供了必要的通道，进而为其形成多层次生态群落创造条件。因此，从这个角度讲，生态廊道对于城市的意义非常重要。我们将不同的斑块连接后，生物之间就有了

水杉绿道　湖北襄阳

相互联系和交流的空间，然后才能发展壮大。因此在城市中设置生态廊道，能够让生物、自然资源之间形成空间上的联系，应当大力提倡和发展。

当景观廊道与生态廊道结合就形成一种新的类型——复合型生态廊道。从广义上讲，动物与人以合居模式存在，于是此种廊道的意义自然更为重大。这是一种全新的城市生态理念。它的出现，让人和其他生物都能享受自然空间。当然，动物与人之间总是会有矛盾，只有将矛盾处理、协调好，才能将此种廊道建设好，使其发挥积极的作用。

水杉林生态廊道　浙江湖州

宏观理解生态廊道

贯穿美国西部旧金山和西雅图的101号公路是给人印象最为深刻的一条生态廊道。公路上既有人车通行的廊道，提供可供人停留及观赏自然的空间，同时它也是一条非常原始的景观生态廊道。很多原生的红杉树生长其间，有的高达上百米，犹如摩天大楼一般雄壮，甚至有的大树中间可以通行汽车。这条令人震撼的复合型生态廊道对美国西海岸的生态保护和景观利用都起到重要作用，值得国人学习。

我国沿海经济开发建设可谓战果累累，但鲜有人提出建设沿海生态保护带。中国非常需要沿海生态廊道，它们能够有效保护海洋、陆地及海陆之间的生物栖息地，这对国土保护具有重要作用。对比之下，感觉差距

太大，让人非常揪心。

从美国北卡罗来纳州到缅因州有一条著名的蓝脊大道，是以山体为主要特征的生态廊道。那里不仅风景优美，也拥有良好的生态环境。学界很少有人研究此种大尺度的生态廊道对宏观生态的影响。目前国内谈及较多的绿道多建于城市范围内，规模较小，只能为微生物、小动物栖息提供环境，其发挥的生态作用非常有限。而类似蓝脊大道的自然廊道，则应成为给人启示和创意的源泉。从国土尺度来讲，应鼓励建造此种具有更大生态功能的大体量绿道。因而，在规划建设绿道时要有尺度观念，从国土角度分析要保护哪些生态栖息带和生态走廊，然后考虑在城市尺度下建立怎样的支持系统，实现宏观到微观全方位统筹规划。这样建造出来的绿道才更有实际意义。对于生态廊道要有宏观的理解。注重生态不能只考虑某一个层级生物的生存，而应关注整个生态链上所有级别生物体的栖息。简单地说，从河流、湖泊、水系，到每座城市，再渗透至每一个社区，生态廊道应形成一个立体空间关系，构建复合功能。

强化管养多方入手

近些年，已建成绿道养护管理不到位饱受诟病。养护管理滞后已经成为我国绿道建设的一大"短板"。设计师可以设计无数条生态廊道，但如果不进行科学管养，最终都将烂掉。解决这个问题还要从多个角度入手。

首先，很多城市对建成绿道景观维护力量本就薄弱，还采取城市园林绿化的养护方式管理绿道，就更显

林下空间　斯里兰卡皇家植物园

"杯水车薪"。人力物力都很缺乏。养护人员对于生态基本是"两眼一抹黑"，不知道哪些东西需要保护，对于维护生态结构、保护水源、让动植物生活舒适等重要工作无从下手。绿道建成后应针对绿道进行多方面监测，通过收集相关数据，了解内部变化信息，从而决定人工干预程度及措施，帮助其恢复到正常状态。

此外，一些规划设计部门将生态廊道当作纯景观进行处理，这就与过去简单的，为人服务的风景廊道没有太大区别。将生态融入设计还有很长的路要走。我们的设计师应该全面学习生态。同时对生态的社会关注度还远远不够，因而还需要教育普及、社会宣传、政策引导、法律保障等措施来改变现状。生态廊道势必有人工设计的段落，除了不能过分提及"以人为本"，对于这些人工设计的部分，设计人员也要明确一点，即生态廊道建设完成后最终会有一个自然演替的过程，不能完全依靠人工维护，所以应尽可能少地对绿道进行人工干预。设计时应多设置一些不需要人工养护就能良好生长

的植物群落，借助自然的力量使生态廊道实现自我更新演替和发展，将荒野之美当作财富，多投入一些精力去挖掘自然美，保护好现有良好的自然生态结构。这也是发展生态廊道的一个重要手段。

以北京为例，绿道的建设也应该结合雨洪管理和水系建设，把水网系统与绿道结合在一起，作为生态廊道的建设资源去统筹规划。北京是严重缺水的城市，将现有河流、护城河、雨洪管理系统充分利用，形成一个庞大的网络，水往哪里走，哪里就有生态。跟随水的轨迹去寻找北京的生态，这样的城市生态才有发展空间。

此外北京这样一个雾霾严重的城市，要大力开设"通风走廊"，通过创造温差不同的小气候群，建立通风廊道来促进空气流通。我观察过北京的所谓的楔形绿地、万亩平原造林工程，基本上都是密密麻麻的小树林，既不可能蓄水，也不可能抗尘，将来长大了会密不透风，对北京的生态没多大效益。北京的周边需要大规模的蓄水系统，有了水才会有生态的繁荣。

旅游观光廊道　青海

"道路景观"设计的误区

道路景观　青海

　　不知道从什么时候开始，道路两侧栽种行道树成了街道的标配，不分南北，不分东西，只要是路就种两排树，整整齐齐也千篇一律。"种行道树"好像成了一种习惯，我们的设计师们不分青红皂白，只要看见路就会先来画圈圈，一溜烟画下去，图纸就完成了一小半。按理说，道路两边种点树无可非议，但是值得我们讨论的问题是，为什么要种？怎么种？种什么？与景观创意有什么关系？还有就是什么时候不应该种？

　　今天的城市最千篇一律的就要数"道路景观"了。在绝大多数情况下，我们的道路设计都是由交通设计师完成的。他们设计线形和路面的铺装、规划快车道和慢车道，确定分隔带的宽度以及人行道的形式。而究竟分隔带里种什么树则是由风景园林师来填空，这样做出来的道路景观不千篇一律才怪呢！

　　作为风景园林师，我们常常会迁怒于空间有限，受制于道路工程师们的"先发制人"，我们常常觉得被动。可是如果给你足够的空间和与道路工程师合作的可能，你会怎么做？

　　道路景观的意义就在于将交通的功能性与视觉美感

田野　云南曲靖

及生态性、安全性，融入到工程的合理性和管理使用的便利之中。如果仅仅是为了满足以上某一项要求而做的设计，或者各专业各干各的，所得出的结果都称不上景观路。

由此看来，道路作为行车、行人的工具上升到"带状景观"所承载的使命已大大超出了交通的范畴。我们怎么可以还能用两排行道树去对付所有的设计要求？怎么可以让交通设计师主导这一早就超越了"行车"概念的工作呢？

作为带状景观的道路可谓千变万化，有景区道路的美，乡村道路的闲，山地道路的起伏和平原道路的简洁，城市道路就更是可以随着不同的场地环境创意成不同的景观道路，让城市变得生动，户外生活变得有情有义、各领风骚。然而现实又是什么？看看今天的城市，哪个地方不是两板三带，横平竖直。想花钱就多摆点花坛、绿篱、华灯、彩带。由此看来改变我们对道路景观的认识，走出"两排行道树"的狭窄概念，以及改变道路景观设计的合作模式是多么的重要，否则也不可能有好的道路景观！

为什么要在马路两边栽树，怎样做才能真正起到保护生态环境并创作出优秀的作品来呢？首先，应该突破固有的思维，除了道路设计师和景观设计师的密切合作之外，更重要的是认识道路景观对于城市公共环境和形象的重要意义。

成行成排的沿路种植有它的合理性，但也不是必需的。形成了固定模式的行道树种植设计，或者叫套路设计，往往会扼杀所有的创新。道路设计要因地制宜和灵活多变，在不同的场地做出不同的空间功能和生活内容及主题形象。

在我国沿海地区，每次台风过后，都有大量的行道树被刮倒摧毁，这些倒掉的树木对行人、车辆、房屋、高压线等人身财产都会造成不同程度的威胁和伤害。而单排的行道树，种植在很狭窄的种植池里，也很难根深叶茂，要恢复往昔的绿意则需要很长的时间，特别是对常年经历台风的地方实在不可取。弥补之法是选出抗风等级更强的树种？还是少种或干脆不种行道树？都值得我们好好探讨和思考，广开思路，而不是习惯性地简单地种行道树，而且还不给其适度的生长空间和维护

罗德岱堡滨海大道　美国

管理。在台风多发地区种树一定要有不同的规范要求。规划设计也不要老一套的见路就是两排树。这是设计问题，与工程或爱树情结无关。

对于设计来说，我们对植物的关注是最不够的，全国各地到处都是模式化的植物设计，南方北方一个样，滨海与内地一个样。也许我们应该利用台风为我们的海滨城市设计出一些不一样的景观，俗话说，一方燕子衔一方泥，植物也如是。本地植物往往更合适当地的生存环境，要比外来物种更适应本地的天气变化，甚至以其特质象征着一个城市的"精气神"。城市之树，乡村之花不是空穴来风，自带的原生活力也是外来物种不具备的，甚至还暗含很多的城市文化属性。

勇于打破一些常规的种植模式，在条件充分宽裕的马路两边，把单一死板的行道树转化成绿带，与地形，环境气候等自然因素紧密结合，来决定我们究竟怎么做才能实现功能目标和表达精神意义。我们都喜欢喜欢巴黎香榭丽舍大道以带状林的概念创作出了惊人的气派；明尼阿波利斯的Victoria memorial Parkway (Minneapolis)以带状公园的概念构建了 集活动空间和运动休闲功能的带状景观；佛罗里达的罗德岱堡滨海大道，以曲线形成的水波为概念，形象生动，成为良好的城市名片。喜欢驾车出行的朋友常常会感叹一片大好的风景经常被道路两边的行道树遮挡得严严实实。如果种树遮挡视线，破坏风景，我们为什么还要种，那不是违背了我们风景设计的初衷吗？设计师看到路就画行道树，甚至是等距离的，这种机械的设计真的破坏性很大。我们应该鼓励多样化的街道景观，不要一提到道路绿化就认为一定要多种树。漫步欧洲的一些特色小镇，你会看到很多时候，树木并不是道路的必需品，有些建筑空间里甚至没有一棵树。

滨水廊道　英国

山间小道　新西兰

行道树到底阻碍不阻碍空气流通？行道树的疏密该如何处理？需不需要其它绿植的搭配？在城市的密集人口区的种树，特别是在高楼林立的商业区、办公区密集地分布行道树，很容易造成空气流通的障碍，使汽车尾气，人群呼出二氧化碳等废气污染难于扩散，造成二次污染。在这些区域降低种植密度，少种或单株种植才更有利于绿氧空间的形成。而在人口密度相对较小的郊区或者乡村可以采取更多样化的植物种植。

由此看来道路景观设计的重点在于建立更好的团队合作模式，多专业的共同合作同时推进，是做好道路景观的前提条件。在为各专业创造良好的机会和发挥空间的前提下，景观设计要突破固有的思维和种植模式，将带状景观融入生活，使之成为一个城市公共空间的创新之地，让城市变得有生气、有活力，让人们留下乡愁和记忆。

设计师的情感与尊严

草原风光 新疆昭苏

　　今天，我们身处一个浮华逐利的时代，没有了战火硝烟，也没有了为国家浴血、为民族抗争的理想和情怀。很多人试图倚靠过度的标新立异、混杂的低俗做派以及创造与众不同的负面影响来创造更大的知名度。可是景观设计师，不能随波逐流。我们手中的画笔价值千金。每一根线条，都有可能改变一条河流的走向，影响动物的迁徙，甚至改变城市的面貌。我们一定要具备自我启蒙的意识，既有作为个体的存在意识，也有身居社会的群体意识；既有设计师的独立思想，又有敢于承担社会责任的勇气。独立思想是人格塑造的基本条件，而没有自我意识的觉醒，缺乏自我的认知，又怎么能服务社会！因此设计师们一定要走出封闭的思想体系，以开放包容的心态去学习和追求真理，这样才能不断创新，推动社会的发展。

　　我们小时候都玩过按图填色的游戏，就是在勾好轮廓线的图案里涂上颜色。不管这是谁的发明，我想一定不是画家。我们从小在给定的框框里作画，习惯了在划定的圆圈里生活。

　　艺术是什么？它是对生活的期望，是对未来的想象。有激情才能有想象力，才能感受新的生活。

　　看过一个设计师的景观设计作品，说是以新古典主义为主题，手绘的效果图很精美，模型角度、比例很准确，可是整个设计应用的元素老套得可以随意在美国80％的商场里找到，其中我看不到一点儿设计师对场地和环境的感受。并不是说新古典主义不好，但在设计中没有自己对场地的感受，思维没有跳出既定的模式，甚至都谈不上新古典主义元素的意义，于是，设计的过程就成了简单的模仿和拼图。

　　创作上的墨守成规源于我们对内心情感的忽视。创作不应该是简单的完成任务。过多的条框通常存在于"设计风格"之中；同时也渗透在社会等级、文化、信仰、传统以及价值取向之中。设计不是朝后看，而是往前看，是设计师对新生活的期待和对未来生活的追求。对任何约定俗成，你都可以怀疑，可以重新评估，而不是习惯性地认为世界本该如此。有的时候我们会错误地认为：精美的手绘和严谨的分析可以替代设计思想，实际上设计师的情感往往可以帮助我们突破那些一定之规，更好地理解地域的文化，形成项目的场地感，并找到艺术的源泉。

大地景观　新疆乌鲁木齐

　　作为一个设计师要想赢得尊严，首先自己要活得明白，知道律己，知道待人。秉承善良，追求真实是做人、做事的底线。设计工作是提供服务。以最好的态度提供优质的服务是设计师的责任和义务。但是艺术不是服务，不要为取悦他人而放弃对自己内心情感和艺术的忠诚。这是我们的信仰。不要为低俗买单。

　　设计也是件磨时间、耗体力、费精神的工作。在这个行业里只有努力的人才可以做出成绩来。持之以恒、不为个人得失所左右，才能全力干好工作。任何急功近利投机取巧的做法无法真正赢得最终的成功。

　　设计的成果直接关系到人的利益。保障公众健康、维护社会安全和福利是设计师的义务和职责。不为自己或其他个人、团体的利益而损害社会公众的利益是最起码的职业道德。

　　在人的一生中，充斥着很多机会和选择，有选择，才会有成功。没有谁能让所有的人满意，选择那些懂你的人做你的合作伙伴，选择适合自己的公司和项目，才可能最大程度地发挥自己的才能，才是真实的设计人生。不要为那些不懂你的人耗尽生命。

　　设计，是对美好生活的追求，可以把人们带向更美好的未来。然而人们对事物的认识总是分阶段和层次的，不是所有人都可能在第一时间就认识和理解。设计之所以称之为设计，就是不能迁就现实，应该走在社会发展潮流的最前沿。我们不能因为任何借口而缺乏创新意识，不能因为甲方的无知而不尽责任，不能因为社会的不公而意志消沉，不能因为工作的艰辛而失去耐心。

　　作为设计师，你可能一辈子也做不出震撼世界的作品，也许有生之年也没多少人认同你的价值观，但坚持真理的态度不能变，你可以平庸但不可以苟且。同样的，你可以很有才情，但不能因此而桀骜不驯。你可以辉煌，但不可以傲慢！

　　尊严是你自己活出的优雅，是以坦诚面对纷扰，是以简单面对复杂，是无怨无悔的坚守，是持之以恒的求索和创造。

景观设计师的社会生态意识

户外生活　斯里兰卡皇家植物园

很久以前，我在美国圣保罗的一家小公司做过一个住宅项目，其间关于穷人区和富人区怎样和谐相处的课题至今让我难以忘怀。或许我们觉得"物以类聚，人以群分"是个看似天经地义的道理：有钱人都想住到一个和自己身份相当的"富人扎堆"的社区，离穷人越远越好；而穷人们看到富人的豪宅和名贵宠物也不是滋味。我们曾经用高墙把富人和穷人隔离开来，用护城河把城市人与乡下人或者其他民族分隔，到今天我们是否应该思考一下怎么样让人们更好的和谐相处呢？我们的星球只有一个，人们低头不见抬头见，不可能离开彼此的照应、相助，抑或是调侃、竞争……不论你有多高的智商，拥有多少财富，或者是风流倜傥到何等程度，在历史的长河中，也不过是这土地上、城市某角落里的一个匆匆过客。

无论是富人还是穷人，我们都是同样普通的人。人类共同所有的日月星辰，不会为某个特殊阶层而存在。每次到华盛顿中央公园都会不自觉地想起马丁·路德·金的演讲"我有一个梦想"……半个世纪过去了，人类的进步却并不如我们想象中的理想。

作为风景设计师我们能做些什么？我们现在关注自然生态，但大家千万不要忘了"社会生态"同样重要。大到一个国家、一个民族，小到一个社区，都有太多需要设计解决的问题。在人与人之间，人与自然之间建立所谓的关系即是设计的目标，也是责任。

曾经看到一个居住项目的设计方案，开发商要求在社区的中心部分建一个楼王，用以体现业主的身份和地位。我们的设计师用一条环状水系在地块中间割出一个小岛，因为小岛独具的私密性，岛上的楼房便因此而得到"楼王"的称号。

但这条环状的护"宅"河不是在创造社区的景观，而是在制造隔离，制造人和人之间的不信任及等级差异。我们可以设想一下：如果同在一个社区的两个家庭，住在岛上的小女孩与住在岛外公寓里的小女孩同时长大，岛上的小女孩也许从小孤独或高傲得不愿与公寓里的小女孩一同玩耍；与此同时，住在公寓楼里的小女孩也许从小自卑，因为没有岛楼上的小女孩爸爸有钱，把富人当作自己痛恨的目标……

如今我们的房地产项目到处充斥着繁荣、显贵，

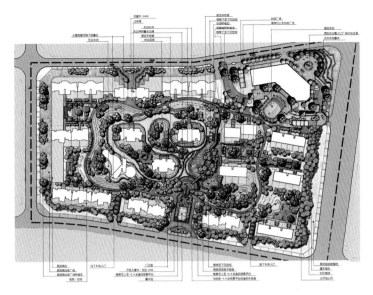

修改前

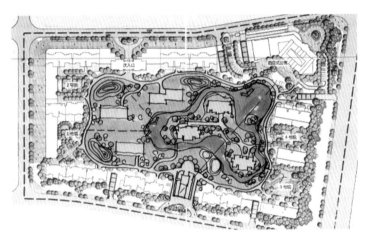

修改后

迎合着社会上逐利、拜金的不良风气，设计动辄几万元一平方米的单价，难道我们一点也不知道这是在制造社会矛盾？

对于景观设计，鲜有人会看到其政治和社会性的一面，更多的是关注美不美、生态不生态、经济不经济等等因素，其实设计师对社会的生活态度和政治敏感性同样不可小觑。只有关心社会发展，关心他人的生活品质，把控好每一个细节，才能全方位地做出真挚的设计作品。

修改后的方案同样把"楼王"放在最好的视觉位置，不同的是周边的水系不再只为"隔离"而设置，水系成了楼王与周边公寓"共享"的景观，它成了分享的纽带。在同一片蓝天下，人们共享美好的生活景观，这是社会的进步，也是景观设计存在的真谛。

好设计不是从天而降

港湾 美国

设计师常常与甲方有矛盾。一方面，设计师们作为专业人士不懂得自己处在服务提供者这样的位置上，常常会因为甲方不专业的要求和意见而心怀不满。另一方面，甲方作为服务的购买者常常会分不清哪些服务是可以买的，哪些服务不可能购买。当然作为甲方最不能理解的是为什么要个好作品就那么困难？

甲方花钱买的是"服务"，而不是好作品。虽然说服务的好坏与作品的质量有一定的关系，但并不意味着花钱就一定能得到好作品。好作品的出现有其自身的规律性，也有诸多的不可控因素。

好作品并无约定俗成的定义。人们对其评价的异议之声更是普遍存在，并不偶然。要做到让甲方满意，设计师本人认可，使用者称赞，绝非易事。即使三者都欢喜，也不见得它就是一个好设计。评估一个好设计的标准还需时间的检验，经得起岁月的风霜雨雪，人世的沧桑变化。

毫无疑问，设计师的服务是要完成甲乙双方在合同里规定的内容。如项目的定位、资源分析、功能关系、规模以及要解决的问题等等。常常给我们带来麻烦的是艺术部分的谁是谁非。有人说，什么样的甲方就会有什么样的设计。这话不是完全没有道理，不选择合适的甲方，不维护好双边的关系，多好的设计师也干不出好的活来。

从大的方面看我们存在一些认识的误区。为什么激动人心的设计作品那么少？为什么我们总找不到好的设计师？关键的问题在于我们不知道好的艺术作品从何而来。我们错误地认为好的设计师都是受大众欢迎的、家喻户晓的大师，同时也一直在强调艺术作品是为大众服务的，必须迎合大众的口味。遗憾的是没有哪一件优秀的艺术作品是根据大众的口味做出来的。如果我们一味地迎合大众的口味，只强调艺术为人民服务，那我们的文艺就不可能有

突破、有创新，就只能永远停留在"大众"的水平。不久前一个设计师给我看一个公园入口的设计，我问她为什么做那么大。她说是为了给大妈们跳广场舞。我不想评价大妈们的广场舞，可是在一个公园的入口设计一个广场舞的场地，这让其他游客情何以堪？

好的作品有两种：一种是让老百姓看到他们想都不敢想的东西，这样才会有惊喜，对普通人的审美才会有提升。如果你问一个普通人喜欢什么，他一定会告诉你他见过什么样的作品，而当你把设计稿给他时，他一定会说，这个太普通了！你只有把超越了他想象地展示给他看时，才会是让人眼前一亮的好作品。另一种作品也许不那么激动人心，或许要经过多年之后，才能发现它的魅力，看到它的动人之处，就像凡·高的作品。也许是因为超越了一定的时代。

作为甲方，对设计有诉求很正常，可叫设计师完全按照甲方的思路和要求设计，岂不是缺少了设计师存在的价值和意义。在设计这点事上，甲乙双方的相互尊重与理解是诞生佳作的前提和基础。

对于大多数的设计师可能只是在默默无闻地做着自

本书作者李建伟

己的工作。即使是在思想开放的美国，一个独具特色的设计也很难绕过大众，甚至是一些"专家"们的阻拦。林璎的越战纪念碑就是一个典型的例证。设计过程中她所经历的艰难常人无法想象。玛莎·施瓦茨的设计在美国也并不十分受人喜爱，其中骂得最凶的就是来自风景园林行业内的大佬们！

艺术创作的过程一定是自我的。从主观上说，一定是作者内心的情感表达。一件艺术作品客观上也许是利他的，甚至可能成为某种社会价值观念的体现。

设计的艺术部分，从构思到情感表现不是与甲方协商出来的，也一定不是靠推理分析出来的。它一定是设计师对场地的感悟，对精神的追求和内心情感的表达。作为一个好的甲方就会明白这一点，给设计师一个自由发挥的空间，这对于项目在艺术上的成功有多么重要！艺术不是一种服务。把艺术当作一种服务非常可笑，因为乙方无法根据甲方的要求，按固有的合同条件去从事艺术创作。你可以花钱买一件喜欢的艺术品，但你无法花钱买一个艺术家的思想和想象力。要让你花的钱物有所值，最好的方式就是给作者自由。

我们都见过，也做过被各种"干预"出来的作品，其结果难免让人啼笑皆非。当然也有一些很有才能的甲方，从头到尾都在自己做设计。设计师只是给他画图而已。在这种情况下，你最好就不要请太好的设计师，免得互不待见，心情不悦。

艺术灵感来自于作者的生活体验。谁也无法规定什么能体验，什么不能体验，或者必须按照某种方式来体验。甲方有选择接受或不接受某种创意的权利。然而过多干涉创作的独立性和作者个人的独特思维，其实对于创作没什么好处。

同样对于一个老师教学生也是一样的。你要过多干预学生的构思或者把自己的想法强加于人，往往并不能真正地帮助学生排除困惑。说哪里对哪里不对，学生会一头雾水。一个好的老师应该懂得帮助学生理清思路，引导他们准确地表达出自己的思想，并帮助其完善。

理解这些，或许设计师们能更懂得如何为甲方服务，且更有效地坚守自己的阵地。但愿甲方也能更有效地做好自己的设计管理，找到自己有认同感的设计师，让他们创造出好的作品。

　　风景园林行业经历了过去几十年规模空前的发展，现在逐渐进入了沉淀期。这对于我们这些曾疲于奔命、事务缠身的从业者应该是一个机会；能静下心来回顾一下所走过的弯路，反思一下曾经犯过的错误有利于我们将来更好地前行。

　　风景园林专业的发展需要有自身的体系、结构和历史脉络。作为一个工程与艺术相结合的行业，它在城市及乡村建设方面起的作用越来越受到关注；无论是从空间规模、精神及物质方面的意义，还是在与城规、建筑、水利、市政设施的融合上，风景园林所彰显的魅力都非常令人振奋。可以说未来的前景无限光明，可以为人类的生存环境创造更多的可能性，为人类的精神家园创建更有吸引力的未来。

　　作为一个风景设计师，一生中有很多机会去从事各种不同的风景项目设计施工，然而却没有太多的机会可以让你纠错。任何一个项目的失败都有可能是终生遗憾，并有可能给社会和自然带来无法弥补的损失。因此，风景园林师的责任意识非常值得强调。在设计、管理、施工等每一个环节我们都应该尽心尽力承担起责任和义务。对于一个设计师来说，贮备好设计所需要的知识技能固然重要，但更重要的是思想观念，理论修养。把握了正确的方向才会朝着正确的目标迈进。

　　希望这本书的一些观点能给年轻的设计师一些启发，在未来的实践中能确立自己的思想理论体系，让每一个设计有效地服务于社会，有益于城市及人的户外生活需要。

　　诚挚地感谢为本书编写提出宝贵建议的同事们、朋友们和设计师们，以及为本书的各个章节编辑、修改付出了辛勤劳动的张晓梅女士、黄鑫女士、丁夏女士，没有他们的努力本书无法完成。

　　也诚挚地感谢和我一起努力工作的同事们、设计师们，为本书提供了很多好的素材和建议。

　　由于才学有限，书中的不实之处和错误在所难免。敬请指正！